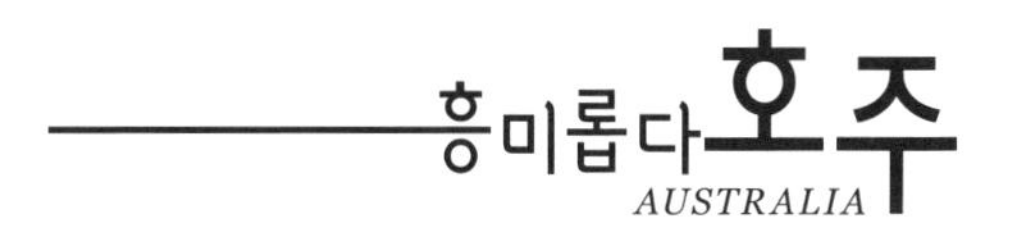
흥미롭다 호주
AUSTRALIA

·· 육아휴직 낸 아빠와 일곱 살 딸이 쓴 호주 여행기 ··

흥미롭다 호주

AUSTRALIA

글 · 사진 허준성
그림일기 허윤정

마음지기

Contents

3장 골드코스트 Gold Coast

PROLOGUE

"봄아! 예쁜 꽃들을 피워주렴. 그리고 어서 여름을 데려와다오."

오랜 기간 집을 떠나 있었던 영향일까? 윤정이는 돌아와서도 한동안 호주 이야기를 하지 않았다. 혹시 별로였나? 힘들었나? 왜 그러는지 물어봐야지 할 때 윤정이가 했던 말이다.

"윤정아, 무슨 말이야? 추워서?"

"호주에서 만났던 날들이 그리워서. 따뜻하고 파란 하늘, 산에서 봤던 나무와 꽃들…… 그런 것 말이야. 바다에서 수영하던 것도 기억나고. 음…… 왜 있잖아, 갑자기 옛날 생각이 나면서 그리워지는 거."

"여름이 빨리 와버리면 봄이 슬프지 않을까?"

"뭐 그렇기도 한데, 지금은 호주에서처럼 여름을 즐기고 싶어. 엄마 아빠와 함께했던 그 여름이 보고 싶어졌어."

'초등학교 입학하기 전에 여행 다녀봐야 기억 못 한다'라는 말을 참 많이 들었다. 다녀봐야 돈만 쓰는 거라고. 나도 유년시절 일부만 기억한다. 그 장면도 사진으로 남아있던 거라 내가 기억하는 것인지 가끔 사진을 봐서 기억하는 것인지 구별이 안 될 때도 있다. 하지만 어렸을 때 배운 걷는 법, 젓가락질하는 법, 공차기 등은 몸이 기억한다. 여행은 영어 공부처럼, 수학 공부처럼 무엇을 먹었고 무엇을 봤는지 세세하게 기억하길 바라면 안 된다. 어린 시절 가족과의 여행, 가족과의 행복했던 추억은 가슴이 기억하고 마음이 기억한다. 부모와의 애착 관계 형성에 많은 역할을 하며, 인성이 자리 잡는데 분명 영향을 미친다.

아빠 육아휴직이라는 인생에서의 커다란 선택을 끝내는 기분, 참 묘하다. 1년 여간의 공백을 이겨낼 수 있을지, 사람들의 시선은 어떨지, 사람들은 그대로인데 내가 변해서 적응 못 하면 어쩌지. 매 순간 '잘할 거야, 잘 적응할 거야'라고 되새기지만 두려운 건 어쩔 수 없는 것 같다.

회사 복귀 전 윤정이가 초등학교에 입학해서 등교하는 것을 한 달간 함께 할 수 있었다. 엉겨 붙은 머리에 눈에는 눈곱이 그득해도 아이의 등굣길을 함께 발맞추어 걸을 수 있어서 행복했다. 학교 운동장에 들어서며 통통통 발랄하게 손 흔들어주는 아이를 기억할 수 있어서 다행이다. 윤정이에게도 부모와 함께하기보다는 혼자가 좋고, 혼자보다 친구와 함께하는 것이 좋은 시기가 곧 올 것이다. 찬란했던 유년시절의 마지막을 가슴에 담고 부모에게서 조금씩 떠날 준비를 하는 학창시절의 시작을 지켜본 것에 감사한다.

모든 날이 즐거웠다. 모든 날이 기뻤다.

윤정이의 일곱 살 마지막 자유로웠던 기억에 조연이 될 수 있어서 행복했다.

//

시작, 육아 여행

"아빠, 오늘 호주에 가는 거 맞지?"

"그래, 맞아. 오늘 우리 호주로 떠날 거야."

뜬눈으로 밤을 새웠다. 잠든 딸아이 볼을 만지작거리고 있는데 갑자기 아이가 눈을 뜨며 묻는다. 그래 드디어 출발이다. 육아휴직을 하고 가장 크게 계획했던 호주 육아 여행. 그 출발이 바로 오늘이다. '시작', '출발'이라는 단어만큼 설레는 말이 있을까? 3개월이라는 긴 기간 동안 건강하고, 무사히 이번 여행을 잘 이끌고 갈 수 있을까 하는 걱정으로 잠을 거의 못 잤다. 나 혼자 여행 다닐 때와는 달리 아이들과 함께하는 여행은 그 무게감부터가 다르다. 여행을 자주 다닌다고는 하나 그래도 아빠, 가장의 부담이 작지만은 않다. 그래도 막상 차에 짐을 옮겨 싣고 출발 준비를 마치니 온종일 따라다니던 걱정거리는 어디로 가고 설렘만 남는다.

첫 아이가 일곱 살, 둘째가 두 살. 육아휴직을 했다고 하니 주변에서 모두 둘

째 아이에 대한 육아휴직으로 생각한다. 그런데 이번 휴직은 첫아이로 했다. 초등학교 2학년까지의 아이가 있다면 육아휴직이 가능하기 때문이다.

육아휴직의 가장 큰 이유는 첫아이 윤정이었다. 물론 날이 갈수록 힘들어지는 둘째의 육아를 나눠 하자는 이유도 컸지만, 첫아이와의 시간을 가지기 위해서가 더 큰 이유였다. 둘째가 생기고 나서부터 윤정이에게 기대가 커졌던 것 같다. 전 같으면 아직 어리니깐 실수를 해도, 말을 안 들어도 그냥 넘길만한 사항인데, 나도 모르게 큰소리를 치고 나무라게 된다. 아무래도 둘째는 더 아이 같고 첫째에게는 좀 더 어른스럽기를 나도 모르게 바라나 보다. 화를 내고 나면 금방 후회하고 그러지 말아야지 하면서도 그게 잘 안 된다.

또한, 윤정이가 초등학교에 들어가면 이렇듯 긴 시간을 아빠와 나눌 기회는 없을 것이다. 물론 나중에 학교를 졸업하면 시간이야 나겠지만 우리는 그만큼 늙고 아이들은 그만큼 커버린 후가 될 것이다. 그래서 이번 여행은 윤정이가 초등학교 들어가기 전 많은 것을 보고 느끼고 추억을 공유하는 시간을 만들어

줄 예정이다. 약 10개월간의 육아휴직 기간이 가족 모두의 시간이지만, 특별히 이번 3개월의 호주 여행만큼은 윤정이한테 집중하고 아이의 시선을 따라 움직이려고 한다.

생각보다 짐이 많았다. '많다'라기보다는 무거웠다. 3개월이라는 마음의 무게는 짐의 무게와 닮았다. 처음 가방을 싸고 무게를 재어 보니 28kg. 다시 가방을 열고 가장 쓸모가 없을 것 같은 물건부터 빼기 시작했다. 우리와 5년 넘게 국내·외를 같이 여행했던 미니 전기밥솥이 1번 타자. 여행 관련 도서도 한 권만 남기고 신발들도 하나씩 줄여나갔다. 보통 일정이 짧으면 유아 카시트는 가져가지 않고 빌리는데, 이번엔 일정이 길어 둘째 수정이의 카시트와 윤정이 부스터까지 챙겼다. 호주는 카시트를 사용하지 않으면 무거운 벌금을 물린다. 렌터카 업체에서 빌리던지 체류 기간이 길다면 직접 가져가는 것도 나쁘지 않다. 카시트는 항공사에서 추가 요금 없이 실어 준다.

“호주에 가서 살다 온다고?”, “얼마나 있을 건데?”, “1~2주도 아니고 돈 많이 들 텐데 너희 부자구나?”

우리는 부자도 아니고 맞벌이도 아니다. 다만 인생을 바꾸는 것은 돈이 아니라 '용기'라고 굳게 믿을 뿐이다. 호주에서 일정 기간은 친구 집에 머물 거고, 왕복 항공료는 아시아나 마일리지로 해결했다. 수정이는 24개월 미만이라 항공료가 공짜다. 가서 먹고 쓰는 생활비는 한국에 있어도 들기는 마찬가지. 추가로 들어가는 것은 숙소비와 차량 렌트비인데, 이것 또한 윤정이 어린이집 비용과 학원비, 수정이 문화센터 보낼 비용이다 생각하니 추가되는 것이 그리 많지 않다.

드디어 막이 올랐다.

게이트에서 마지막 호출을 끝으로 비행기의 문이 닫혔다. 웬일로 출발하자마자 수정이가 잠이 들었다. 이런 횡재가 있나. 마침 라운지에서 공짜 저녁을 먹였기에 잘하면 비행 10시간 내내 잘지도 모른다는 기대를 한껏 하고 아기 바구

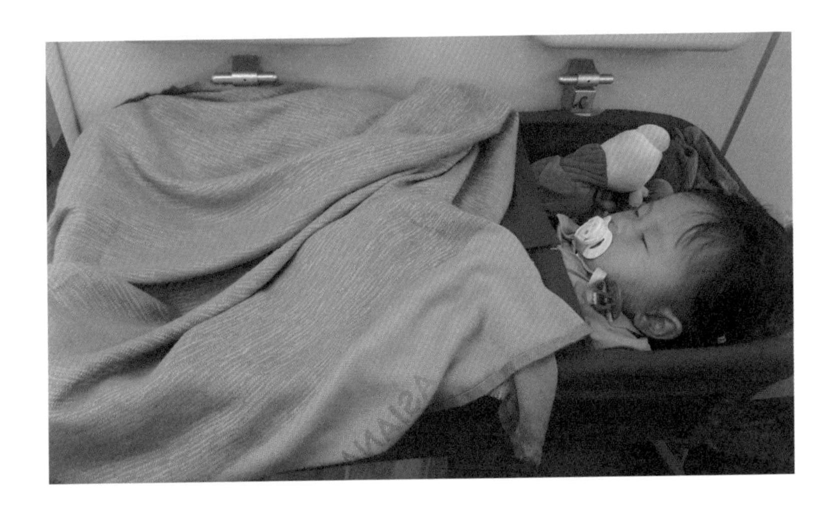

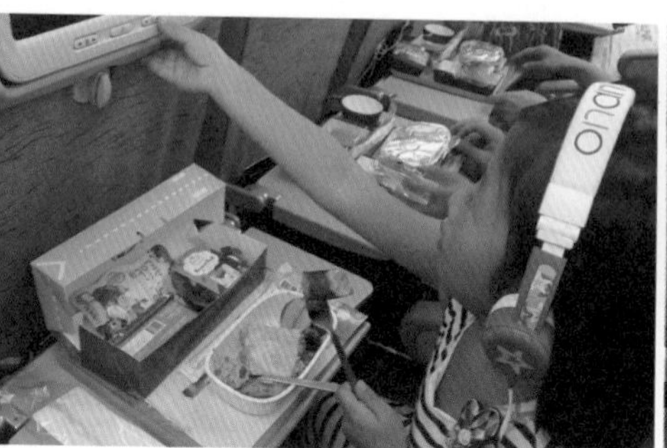

니베시넷를 요청했다. 24개월 미만 유아는 항공료도 공짜이지만 미리 신청만 하면 아기 바구니를 설치할 수 있는 앞자리를 준다. 단, 아기가 14kg 미만이어야 하고 키는 76cm 이하여야만 한다.

수정이가 잠을 자주는 바람에 기내식도 편하게 먹고 영화도 한 편 보는 호사도 누렸다. 그런데 지나가던 승무원이 아이 키가 기준보다 큰 것 같다면서 아이를 깨워 키를 재보자 한다. 기준보다 크면 아기 바구니를 빼야 한다고. 이렇게 곤히 자는 아기를 깨워야 한다니……. 애를 안 키워본 승무원이 틀림없겠지. 자는 천사를 깨워 악마로 만들자고? 한참을 설득했지만 승무원의 고집이 대단했다. 키가 기준에 아슬아슬하긴 하지만 자는 아이를 깨워야 한다는 건 이해가 되지 않았다. 처음부터 안 된다고 하던지.

결국 사무장 호출. 아이를 키워봤을 정도 나이의 사무장이 와서는 양해를 해줬다. 그러면 뭐 하나. 그사이 애는 깨버렸는데.

선잠을 자고 깬 둘째가 보채기 시작했다. 애니메이션을 틀어줘도 그때뿐이고

과자로 달래는 것도 잠시뿐이었다. 한 시간은 족히 지났을 것 같은데 시계를 보니 10분도 지나지 않았다. 장시간 비행이라 승객들은 모두 잠들었는데 낯선 환경에 결국 둘째만 울음이 터졌다. 아무리 달래고 흔들어도 울음이 그치질 않았다. 잠든 승객들에게 미안해서 화장실에 들어가 문을 걸어 잠갔다.

"여기 계속 계시면 안 됩니다."

안된다고 하던 승무원은 빵 터진 아이를 보더니 그냥 화장실에 있어 달란다. 좁은 공간에 곰처럼 덩치 큰 아빠와 쉴새 없이 우는 아이가 같이 있노라니 숨이 막혀올 만큼 공기가 더워졌다. 이따금 울음을 그치면 문을 열어 환기를 시키는데 자괴감이 밀려왔다. 아이가 문제인지 내가 아이를 잘못 보는 것인지 모르겠지만 어린 아이로써는 원치 않는 고생을 하는 것이라 생각하니 미안해지기도 했다.

회사 일처럼 계획하고 준비한 대로 되지 않는 것이 육아인 것 같다.

일곱 살의 하루

10월 14일 금요일

오늘 비행기에서
맛있는 밥을 먹었다.

"아빠, 이건 비행기를 그린 거야. 엄마가 앞에서 수정이 안고 있는 거고, 난 뒤에서 맛있는 밥을 먹고 헤헤."

"비행기라면서 의자 다리가 네 개야?"

"집에 있는 의자도 다리가 네 개잖아. 의자는 다리가 네 개 있어야 안 넘어져. 아빠는 그것도 몰라?"

호주살이
TIP

“ 육아휴직급여 ”

아빠가 육아휴직을 선택하는 경우는 아직 많지 않다. 남자가 육아휴직하는 것을 달갑게 생각하지 않는 기업 문화가 큰 것도 있겠지만, 아무래도 대부분의 가정 경제를 책임지는 아빠 입장에서 육아휴직은 당장 가계 수입에 큰 영향을 미치기 때문일 것이다. 마음으로는 백만 번 결심하더라도 결국 현실에 타협할 수밖에 없는 상황일 것이다.

:: 국가 지원금

회사에서는 무급휴직회사에 따라 일정 금액을 지원하는 경우도 있다이지만 국가에서 육아휴직급여라 하여 매월 일정 금액을 지원해 주고 있다. 2017년 기준으로 육아휴직 기간 동안 국가에서 월 최소 50만 원에서 최대 100만 원까지 지원해 준다. 금액의 기준은 다니던 직장 통상임금의 40%인데, 직장의 통상임금을 300만 원 받았으면 40%가 100만 원이 넘으니 최대 금액인 월 100만 원을 받게 된다. 또한 통상임금의 40%가 50만 원보다 낮더라도 최소 금액인 월 50만 원은 받게 된다.

:: 지원금 수령

매월 지급 받을 수 있는 육아휴직급여는 전체 금액을 한 번에 모두 받는 것은 아니다. 육아휴직자가 최대 1년을 받는 동안 상반기 휴직자는 육아휴직급여의 15%, 하반기 육아휴직자는 25%를 공제 후 지급한다. 그렇게 공제한 금액은 회사 복귀 6개월 이후 일시 지급받는다. 어차피 그만둘 회사 육아휴직이 끝나고 나서 바로 퇴사하는 경우를 줄이기 위함이라고 한다.

:: 지원금 신청

육아휴직급여는 휴직이 시작된 후 1개월이 지나면 바로 신청할 수 있는데, 최초 1회는 거주지 또는 직장의 관할 고용센터로 가면 된다.
이후 2개월 차부터는 고용보험 사이트www.ei.go.kr에서 육아휴직급여를 신청하면 되고, 신청 후 약 2주 내에 통장으로 입금된다.

Australia

Sydney 시드니

01

15년 만에 다시 찾은 시드니
내 인생의 전환점.
rpa

01

시드니국제공항 & 숙소

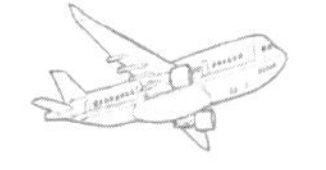

10시간 남짓 비행을 끝내고 시드니국제공항에 입성했다. 짐을 찾아서 공포의 짐 검사를 받으러 갔다. 호주는 음식물 반입을 철저하게 관리하는 곳으로 유명하다. 음식물은 포장된 상태여야 하고 성분표시가 정확해야만 통과가 된다.

15년 전에 첫 해외여행으로 왔었던 시드니국제공항에서 일행 중 한 명이 음식을 가지고 나오는 바람에 높은 벌금을 낸 경우도 있었다. 가방을 전부 열어 뒤집는 것은 기본이고, 신발까지 벗어서 물에 씻고 입국했던 기억이 있어 이번에도 걱정을 많이 했다.

호주에서도 한국 식료품을 대부분 살 수 있지만, 어차피 부모님께 드릴 홍삼을 살 계획이라 우리는 같이 신고할 생각으로 양념류 몇 가지를 가지고 왔다. 출국하기 전 미리 엑셀 파일에 영어로 반입 물품과 수량을 작성해서 출력해 왔다. 꼼꼼히 작성한 입국 카드와 미리 가지고 온 리스트를 검사 직원에게 내밀었더니 연신 "굳 잡!", "엑설런트!"를 외친 후 짐을 열어보지도 않고 통과하란다.

꼼꼼한 아내의 준비성이 빛을 발하는 순간이다. 수많은 사람이 가방을 풀고 검사받고 다시 싸느라 진땀을 흘리는 모습을 보며 우리는 회심의 미소를 지으며 심사대를 빠져나와 보다폰Vodafone 매장으로 향했다. 장기 여행이라 현지 유심을 구매했다. 보통 많이 하는 40불짜리 무제한 통화와 문자 그리고 데이터 6기가를 제공하는 것으로 정했다. 다행히 행사 기간이라 50% 할인받아 20불에 구매했다. 28일 기준 한 달 동안 사용할 수 있고 이후에는 다시 보다폰 매장이나 편의점세븐일레븐에서 충전하면 된다. 유심을 받아 스마트폰에 끼우기만 하면 끝. 스마트폰이 대중화되면서 여행도 매우 편해졌다. 구글 지도를 켜보니 우리가 있는 공항이 표시된다. 눈뜬장님에서 벗어난 기분이 들었다.

이어서 예약해 두었던 렌터카 부스로 향했다. 보통 짧은 시드니 투어는 렌터카보다는 대중교통으로 다니지만 우리는 시드니에서 주변 장거리 여행도 할 계획이라 2주간 차를 렌트 했다. 국내에서 예약할 수 있는 렌터카 업체는 여럿 있지만, 공항에서 바로 픽업과 반납을 할 수 있어서 유럽카Europcar로 예약을 했다.

렌터카 직원이 차가 있는 곳까지 안내하는 따위의 서비스는 없다. 키만 덜렁 주면서 주차장으로 가란다. 공항 바로 앞 주차타워에는 렌터카 업체별로 구획이 정해져 있었다. 우리가 예약한 업체 구획으로 갔더니 직원이 키를 보여 달란다. 직원은 키를 '삑~' 눌러 차가 있는 곳을 확인하고는 그쪽으로 가란다. 차량 외부를 같이 본다든지 사인을 한다든지 우리가 생각한 프로세스는 전혀 없었다.

아이들 없이 가는 여행이었다면 숙소로 게스트하우스를 이용했겠지만, 아이들과 함께하는 여행이다 보니 여럿이서 공유하는 숙소는 조금 불안한 것이 사실이다. 보통 장기 여행에서는 에어비앤비를 많이 이용하지만 우리는 주로 호

텔 비교 사이트를 이용했다. 에어비앤비가 장기간 머물 경우 저렴하긴 해도 대부분 다른 사람들과 주방이나 화장실을 공유해야 한다. 일곱 살과 두 살 딸아이와 함께하는 여행이라 타인과 접촉이 부담되기도 하고, 아이들의 컨디션에 모든 것을 맞춰 씻고 화장실 가고, 둘째 기저귀 갈 때 엉덩이도 수시로 씻어 주려면 아무래도 여러 명이 공유하는 숙소는 꺼려졌다. 게다가 에어비앤비도 금연 옵션, 취소나 변경할 수 있는 옵션을 두게 되면 가격이 상당히 오르게 된다. 오히려 호텔 비교 사이트에는 호텔 말고 빌라 형태의 저렴한 숙소들이 많고 장기로 갈수록 가격도 내려간다. 우리는 경비를 줄이기 위해 요리가 가능한 곳으로 정했다.

마침 숙소가 시드니대학교 맞은편이다. 시드니대학교는 내가 15년 전 시드니에 왔을 때 한 달간 묵었던 추억이 깃든 곳이다. 2002년 당시 SKT에서 TTL 요금제를 쓰는 대학생을 대상으로 글로벌 인턴을 선발한 적이 있었다. 3만 명이 지원한 SKT TTL 글로벌 인턴 2기 100명에 당당히 뽑혀 생애 최초로 공짜 외국 여행을 다녀왔었다. 그때 나중에 가족이 생기면 꼭 다시 오겠다고 다짐했었는데 어쩌다 보니 그 바람이 실현되었다.

3만 명의 쟁쟁한 사람들을 뚫고 내가 뽑혔던 당시 면접이 아직도 생생하다. 원래는 호주가 아니라 미국이 목적지였다. 하지만 그즈음 미국 911테러가 발생했고 목적지가 정해지지 않은 상황이었다. 3차 면접을 보러 들어갔는데 경쟁자 모두 쟁쟁한 실력자였다. 학벌도 뛰어나고 영어 회화하며 내가 떨어질 것이 거의 확실해 보였다. 면접관도 그리 봤는지 나한테는 거의 질문도 하지 않았었다.

마지막 질문이 시작되었다. 원래의 목적지는 미국인데 지금 상황으로는 조금 위험하니 호주로 가는 것이 어떻겠냐는 물음에 하나같이 미국에 가는 것이 두렵지 않다고 답했다. 마지막 차례였던 나한테 면접관이 물었다.

"허준성 씨도 미국이라고 하시겠죠?"

"아뇨, 전 호주로 가는 것이 좋겠습니다."

"앞의 여성분도 당당하게 미국으로 가자고 하는데, 왜 겁이 나시나요?"

면접관은 비웃듯 웃으면서 되물었다.

"아뇨. 제가 무서운 것이 아닙니다. 만약 미국으로 갔다가 단 한 명이라도 다친다면 SKT 이미지는 크게 훼손될 텐데, 그것이 조금 걱정됩니다."

이 말이 인상에 남았는지, 같이 면접 봤던 사람들은 전부 떨어지고 나만 합격했다. 그렇게 다녀온 호주는 내 인생 최대의 전환점이 되었다.

와이프를 만나게 된 것도, 지금의 회사로 옮기게 된 것도, 이렇게 여행에 미치게 된 것도 모두 나의 첫 해외여행인 호주에 오면서 시작이 되었다.

오늘은 모두 피곤하니 무리하게 여행을 하지 않고 마트 정도만 들리기로 했다. 숙소에서 가장 가까운 콜스Coles에 다녀왔다. 식재료와 소금, 후추 등의 양념류를 추가로 샀다. 저녁은 호주산 소고기와 호주산 와인. 역시 명불 허전이다. 국내에 수입한 고기 맛과는 확연히 달랐다. 듣자 하니 품질 좋은 것은 자국에서 소비하고 조금 떨어지는 것을 수출한다던데, 그 말이 맞는 것 같았다. 여기에 저렴한 호주 와인 한잔을 더하니 금상첨화다. 호주 3개월 여행에 있어 호주산 소고기는 아마 주식이 될 것 같다.

일곱 살의 하루

10월 14일 금요일

마트에 가서 맛있는 음식 재료를 샀다.

"아빠, 여기 사과는 매니큐어를 발랐나 봐. 반짝반짝해."

"사과와 카트는 알겠는데, 그 옆에는 누구야?"

"엄마지. 치마 보면 몰라?"

"윤정아, 카트는 아빠가 밀었거든? 치!"

"

탑이 가리키는 저 먼 하늘에 우리의 꿈이 있었다.
지금도 이루고 있고 앞으로도 계속 꾸게 될 꿈.

"

02

세인트 메리 대성당, 하이드 파크

호주의 주요 도시는 주차비가 매우 비싸다. 우리가 있는 시드니대학교 근처도 평일 주간 주차요금이 시간당 3.7불이다. 주요 중심가는 시간당 10불에 육박하는 곳도 있으니 우리나라에 비하면 상당히 비싼 수준이다. 오늘 투어 장소로 하이드 파크Hyde Park 주변으로 정했기 때문에 주차를 어디에 할지 걱정이었다. 대부분의 여행 서적이 도보 여행자 위주라 주차 정보가 부족한 편이다. 검색을 해봐도 딱히 시드니 주차에 대한 정보가 별로 없다. 뭐 어쩌겠나 직접 부딪혀 봐야지.

시드니 관광지도를 보다가 하이드 파크 옆에 도메인 카 파크Domain car park라는 주차장이 눈에 띄어 일단 가서 부딪혀 보기로 했다. 원래 주차요금이 1시간에 9불로 상당히 비싼 편인데 주말에는 온종일 10불만 받는단다. 어찌나 반갑던지. 당분간 주말에는 주로 이곳을 이용해야겠다.

도메인 주차장에 주차하고 시내 방향으로 나오면 세인트 메리 대성당St.

Mary's Cathedral과 하이드 파크 사이로 나오게 된다. 먼저 세인트 메리 대성당에 들어가 보았다. 세인트 메리 대성당은 호주에서 가장 큰 규모의 성당이다. 1821년 고딕 양식으로 건설된 성당은 1865년 화재가 발생하여 건물이 무너졌고, 1868년 새로 짓기 시작하여 2000년에 완공되었다.

호주 최대 규모의 성당답게 내부는 크고 웅장했다. 감히 숨소리도 내기 부담스러울 정도로 정적이 흘렀다. 은은한 조명에 스테인드글라스의 빛이 더해지니 절로 숙연해지는 것 같았다. 다행히 우리가 방문한 시간에는 미사가 없어서 내부의 아름다움을 사진으로 남길 수 있었다.

"아빠, 동전 있어?"

"왜?"

"저기에 돈 넣고 소원 빌려고."

윤정이가 2달러 동전을 통에 넣고 조그만 양초 하나에 불을 붙였다. 그러고는 두 손을 모아 눈을 감고 진심을 담아 빌기 시작했다. 그 표정이 사뭇 진지해서 어떤 소원을 빌었냐고 물어봤다.

"하늘나라에 계신 상 할머니가 보고 싶다고. 건강하게 잘 계시라고 빌었어."

옆집에 사셨던 증조 외할머니가 윤정이를 예뻐하셨는데 몇 년 전에 돌아가셨다. 한참이 지난 지금도 윤정이는 가끔 하늘을 보며 "상 할머니 잘 지내시겠지?"라고 한다. 비록 옆집에 계셨지만 우리 살기 바빠 자주 들여다보지도 못했다. 가끔 이해 안 가는 행동을 하시면 속으로 나쁜 생각만 하곤 했는데 부모의 모자람을 아이가 채워준다.

아이들은 정직하다. 어른들처럼 과장할 줄도, 속일 줄도 모른다. 좋은 것은 좋다고 하고 싫은 것은 싫다고 말하는 것이 아이들이다. 아이들에게 얼마나 많

은 시간을 투자하고 정성을 들였는지는 금방 알 수 있다. 아이들이 엄마를 주로 따르는 것도 엄마가 그만큼 많은 시간을 들여 아이들을 돌보기 때문이다. 졸려도 아이를 먼저 재우고 나서야 잠자리에 들고, 아이 배를 먼저 채워 놓아야 비로소 배고픔이 느껴지는 것이 엄마다. 엄마보다 더 많은 시간을 아이들과 보내는 아빠가 있다면 아이는 먼저 아빠를 찾을 것이다. 우리는 몰랐지만 증조할머니가 윤정이를 많이 사랑해 주시고 진심을 담아 보살펴 주신 것을 아이는 느꼈나 보다.

세인트 메리 대성당에서 나와 하이드 파크로 발길을 돌렸다. 시드니 시내 한가운데 있는 하이드 파크는 시드니 시민과 관광객들의 훌륭한 쉼터가 되어 주는 곳이다. 1788년 영국의 죄수들이 호주에 들어오면서 백인 호주인의 역사가 시작되었다. 그들은 척박한 땅을 일구며 힘들게 살았지만 새로 얻은 자유를 소중히 여기게 되었다. 그래서 호주 사람들은 자유를 즐기며 사생활이 침해받는 것을 싫어한다. 또한, 남이 무슨 일을 하든지 잘 신경 쓰지 않는다. 하이드 파

크 곳곳에 자기만의 방법으로 휴식을 취하는 사람들로 가득했다. 벤치에 누워 쉬는 사람, 노래를 부르는 사람, 삼삼오오 모여 간식을 먹는 사람까지. 그 누구도 다른 사람의 눈치를 본다거나 의식하지 않았다.

한국에서 그리고 회사에서 바쁜 일상을 보내고 있어야 할 시절에 우리는 육아휴직과 육아 여행을 선택했다. 쉽지 않은 선택을 한 우리에게 황금 같은 자유가 주어졌다. 우리도 이러한 자유를 아끼고 감사하며 즐겨야겠다.

"아빠, 저기 봐봐. 저기 올라가면 여기가 다 보이지 않을까?"

윤정이의 시선을 따라 고개를 들어 보니 시드니 타워The Sydney Tower Eye가 눈에 들어왔다. 그래 주어진 일정 없는 자유 여행인데 아이가 가보고 싶으면 가 보는 거지 뭐.

전망대 입장료는 성인 26달러, 어린이 17달러였다. 호주에서 첫 입장료를 내는 곳에 왔는데 역시 비싸다. 대충 계산해도 우리나라 돈으로 5만 원이다. 이러다가 입장료로 생활비가 다 나가겠다 싶어 고민하고 있는데, 옆을 보니 시드니 타워 말고도 씨라이프SEA LIFE, 와일드라이프WILDLIFE, 그리고 밀랍인형 전시관인 마담 투소Madame Tussauds까지 묶인 통합권Unlimited Discovery Pass 가격이 70달러였다. 어차피 우리가 모두 가려 했던 곳이라 고민 없이 통합권을 달라고 했다.

대기 질이 좋고 날씨가 맑은 덕분에 시드니 시내가 한눈에 들어왔다. 80km까지 보인다고 하던데 눈이 좋다면 더 멀리도 보일 것 같았다. 나름 15년 전에 와봤다고 달링 하버Darling Harbour가 어디인지 오페라하우스The Sydney Opera House가 어디인지 침을 튀기며 아이들에게 설명했다.

숙소로 돌아와 저녁을 먹고 일곱 살 딸과 나란히 테이블에 앉았다. 내년에 초등학교를 가야 하는 윤정이는 여행하면서도 마냥 놀 수만은 없다. 나는 하루를 블로그에 정리하고 아이는 숫자를 머리에 정리한다.

둘째의 잠투정이 시작되었다. 고단한 엄마도 씻고 쉬어야 하는데 자기 반경 2m 근처에 엄마가 안 보이면 동네가 떠나가라 운다. 결국 내가 아기 띠를 두르고 업었다. 졸리긴 했는지 업고 잠시 흔드니 축 처져 잠이 들었다. 바로 내려놓으면 등 센서가 작동할 시간이라 결국 업고 하루를 정리했다.

잠시 후 윤정이가 이가 아프단다. 흔들어 보니 힘없이 붙어 있는 것이 곧 빠질 것 같았다. 살짝 만져 보겠다고 하고는 슝 빼버렸다. 지난번에는 일본에서 이를 빼더니 이번에는 호주에서까지 이를 빼는구나. 너의 이 요정은 네비게이션를 달고 다니든지 해야겠다. 이걸 또 어디에다가 던지나!

일상을 접어 두고 여행길에 나섰지만, 길 위에서 아이들은 더욱 단단해지고 그렇게 일상은 계속되고 있다.

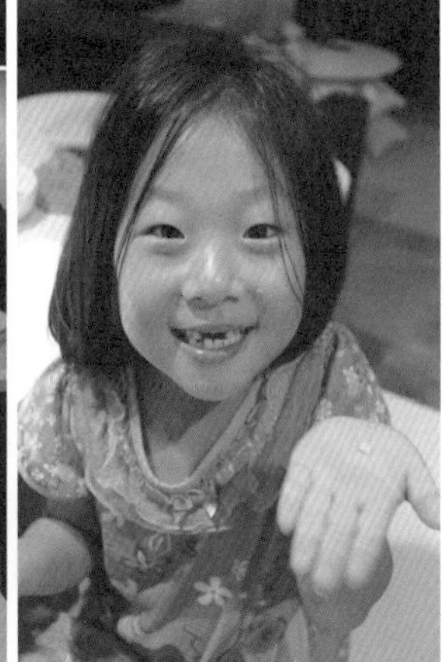

일곱 살의 하루

10월 15일 토요일

아빠랑 엄마랑 나랑
동생이랑 같이 놀고
있는데 동생이 고구
마를 먹었다.

"윤정아, 이걸 꼭 그려야겠어? 오늘 여기저기 많이 다녔잖아."

"일기는 하루에서 가장 기억에 남는 일을 그리라고 했잖아. 난 오늘 수정이가 고구마를 '폭풍흡입'하는 것이 제일 재미있었단 말이야."

아, 고생스럽게 다니지 말고 그냥 숙소에서 고구마나 먹을까.

“

다행히 아이는
길 위에서 잘 적응하고 있었다.

”

03

로열 보타닉 가든, 오페라하우스

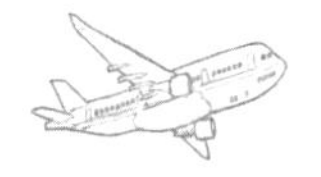

오늘은 일요일. 주말이라 어제 갔던 주차비가 저렴한 도메인 카 파크 근처에서 하루를 시작하기로 했다. 주차를 하고 로열 보타닉 가든Royal Botanic Gardens을 가기 위해서 도메인The Domain 공원을 가로질러 걸었다. 아름드리 유칼립투스 나무들과 넓은 잔디가 인상적이었다. 넓은 잔디를 운동장 삼아 한 무리의 아이들이 우르르 몰려다니며 공놀이를 하고 있었다. 무심코 지나가려는데 윤정이의 발걸음이 느려지며 연신 그 아이들에게서 시선을 떼지 못하더니, 결국 걸음을 멈추고는 부러운 듯 한참을 지켜본다.

"윤정아, 뭘 그렇게 쳐다봐?"

"응, 어린이집 친구들이 생각나서."

한참 친구들과 뛰어놀 일곱 살. 육아 여행, 가족 여행이라는 명분 아래 부모의 욕심으로 오히려 아이의 즐거움을 빼앗는 것은 아닐까 덜컥 걱정되었다. 호주에 온 지는 이제 며칠 되지 않았지만, 육아휴직과 동시에 윤정이는 어린이집을 그만두었다. 아빠의 손에 이끌려 여행을 다닌 지는 이미 5개월째.

“윤정이 친구들 보고 싶어? 여행 그만하고 어린이집 다시 가고 싶어?”

“아니, 친구들이 보고 싶긴 한데 엄마 아빠하고 같이 여행하는 것이 더 좋아.”

휴, 한숨 돌렸다. 혹시라도 여행 그만하고 돌아가자고 하면 어찌해야 하나 걱정했는데, 다행히 아이는 길 위에서 잘 적응하고 있었다.

왕립 식물원 로얄 보타닉 가든은 올해로 200주년을 맞았다. 200년의 세월이 말해 주듯 식물원에는 100만 가지 이상의 식물들이 저마다 자신을 뽐내며 자라고 있었다. 내부의 트로피컬 센터를 제외하고는 관람료 없이 운영된다. 워낙 방대한 크기라 전부 둘러보려면 하루도 부족할 정도다. 다양한 식물에 정신 팔려 거닐다 보면 길을 잃기에 십상이다.

보타닉 가든에는 작은 연못이 있는데 장어가 살고 있다고 한다. 누가 풀어준 적도 없고 정기적으로 연못을 비우고 다시 물을 채우는 데도 장어가 계속해서 찾아온다고 한다. 연못 물이 탁해서 바닥에 있을 민물 장어가 보일까 했는데 윤정이가 갑자기 소리를 쳤다.

"아빠, 장어! 장어!"

처음에는 흔히 보이는 잉어처럼 보였는데 자세히 보니 헤엄치는 모습이 장어가 맞았다. 아이의 눈썰미 덕에 보타닉 가든의 명물 장어도 보다니…….

보타닉 가든은 바다를 품에 안고 있다. 바다를 끼고 한적하게 산책을 하거나 조깅하는 사람이 많다. 우리도 마치 현지인인 양 자연스럽게 그들 속에 슬쩍 끼어들었다.

"아빠, 저기 뾰족뾰족 집이 보여."

"응, 저곳이 오페라하우스고, 뒤에 보이는 것이 하버 브리지야."

"아, 오페라하우스구나. 근데 배 같이 보인다. 그렇지?"

"맞아, 하얀 돛을 단 배를 상상하며 만들었데."

시드니 여행 3일 만에 드디어 세계유산에 빛나는 오페라하우스와 하버 브리지Sydney Harbour Bridge를 눈에 담았다. 해가 뉘엿뉘엿 넘어가고 있는 시간이었다. 역광으로 인해 푸른 바다에 둥실 떠 있는 하얀 요트 같은 오페라하우스는

아니었지만 15년 전의 감동이 다시 밀려오는 듯했다.

"아빠, 우리 저쪽으로 가보자!"

멀리 작은 요트처럼 보이던 오페라하우스가 점차 커지더니 이내 대형 크루즈처럼 가까워졌다. 1973년 완공된 오페라하우스는 연간 3,000회 이상 공연을 하고, 한 해에 200만 명이 넘게 다녀가는 명실상부한 호주의 상징이 되었다.

한참을 걸었던 우리는 잠시 오페라하우스 앞 노천카페에 자리를 잡았다. 호주에서도 물가가 비싼 시드니. 그 시드니에서도 가장 인기 있는 오페라하우스 앞 노천카페에 오다니. 생각 이상으로 비싼 가격에 잠시 고민을 했다. 그런데 언제 다시 여길 오겠는가. 아이들과의 지금 이 시간은 다시는 돌아오지 않을 시간이다. 오페라하우스와 하버 브리지, 그리고 푸른 바다의 향기를 조금 더 깊이 느끼기 위해 과감히 투자하기로 했다.

하루하루가 쏜살같이 지나가고 있다. 아직 많은 시간이 남긴 했지만 그 하나 하나의 시간도 어느새 돌아보면 금방 지나버리고 말 것이다. 여행은 어떨 때는 빠르게, 어떨 때는 느리게 템포가 있어야 한다. 바쁘게 보낸 오늘 하루를 여기에서 잠시 쉬며 가슴 깊이 담아야겠다.

Corona
Extra

일곱 살의 하루

10월 16일 일요일

오페라하우스에서 맛
있는 간식을 먹었다.

오페라하우스를 ‘뾰족뾰족 집’이라고 하더니 뾰족하게 그렸다. 거기에 그냥 오페라하우스만 그리기 심심했는지 불꽃놀이를 같이 그려 넣었다.

“윤정아, 오늘은 불꽃놀이가 없었는데?”

“응, 그냥 예쁘라고. 사진에서 본 것처럼 더 그렸어.”

매년 1월 1일에 하는 오페라하우스 불꽃놀이를 보고 싶다고 했는데, 그때는 숙소가 비싸서 오기 힘들다 했다. 이것이 그림일기로 시위하는 건 아니겠지?

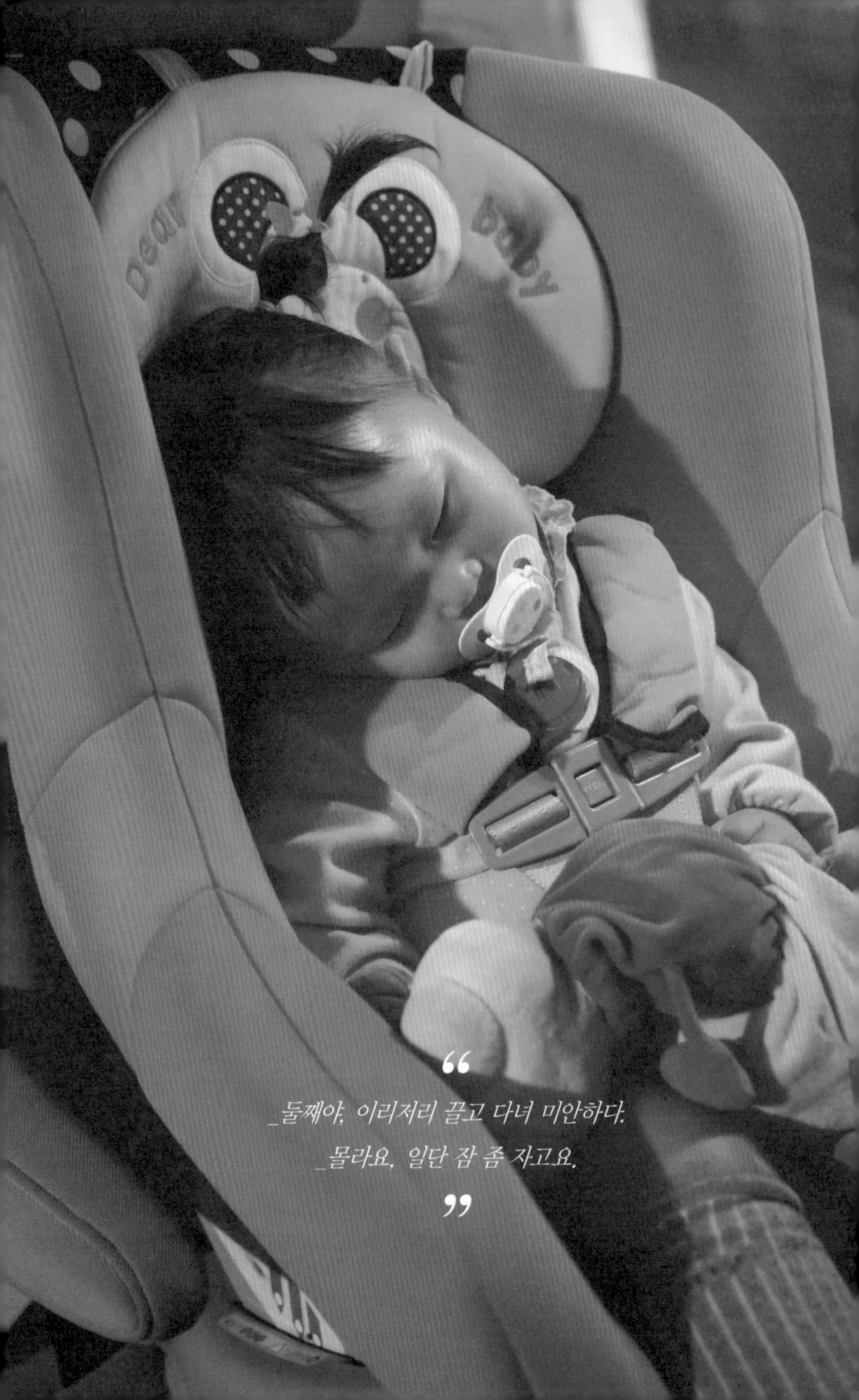

"

_둘째야, 이리저리 끌고 다녀 미안하다.

_몰라요. 일단 잠 좀 자고요.

"

04

달링 하버 3종 세트

아침부터 비가 온다. 봄비다. 한국에는 가을비가 전국적으로 왔다고 하던데 여기는 봄비가 내린다. 가을비는 오고 나면 추워지고 봄비는 오고 나면 따뜻해진다고 한다. 내일은 여름이 한 걸음 더 다가와 있을 것 같다.

주말은 도메인 카 파크에서 그럭저럭 저렴하게 주차를 하고 시내 여행을 했었는데, 평일이 시작된 오늘 벌써 고민이다. 원래의 목적대로 외곽으로 나가면 되겠지만 비가 온다. 아이들 감기 걱정이 되기도 해서 오늘은 지난번 시드니 주요 관광지 통합권 구매를 한 것이 있어 달링 하버에서 수족관과 동물원 투어로 하루를 보내기로 했다.

그런데 열심히 검색을 해봐도 시드니 주차 정보는 영 부족했다. 그나마 시내 곳곳에 있는 윌슨 주차장이 나쁘지 않다고 해서 찾아보았다. 달링 하버 근처의 윌슨 주차장도 건물 위치마다 요금 정책이 천차만별이었다. 어떤 곳은 싸 보이긴 하지만 최대 부과 요금이 높은 곳도 있고 주말 플랫 요금고정 요금이 없는 곳도 있었다. 그나마 하버 사이드 쇼핑센터에 있는 윌슨 주차장이 가장 저렴해서 그곳으로 향했다.

점점 굵어지는 비를 피해 들어간 곳은 시드니 씨라이프 아쿠아리움Sydney SEA LIFE Aquarium. 시드니에서 가장 큰 수족관으로 호주에서 서식하는 다양한 수생동물을 볼 수 있는 곳이다. 땅덩어리가 커서 북쪽으로는 적도에 가깝고 남쪽으로는 남극과 멀지 않아 열대어부터 심해어까지 다양한 수생동물을 전시해 놓았다. 시드니 아쿠아리움의 최대 자랑인 네 개 수중 터널 중 두 개에서는 멸종 위기의 '듀공'을 직접 볼 수 있고, 나머지 두 개 터널에서는 호주 상어를 가까이 볼 수 있었다.

시드니 수족관은 다른 수족관들과는 달리 관람객들이 참여하고 경험해 보

는 프로그램이 많다. 그중에서도 아이들이 특히 좋아했던 그림 그리기. 준비된 여러 밑그림에 색칠하고 스캐너에서 스캔하면 바로 옆 대형 스크린 수족관에 자기가 그린 물고기가 살아 움직이는 것처럼 보여 준다. 윤정이는 직접 색칠한 물고기 그림이 스크린에 나와 마치 진짜처럼 헤엄치는 것을 보더니 뛸 듯이 좋아했다. 덕분에 여기서 많은 시간이 지체되긴 했지만.

사실 우리나라도 그렇고 세계 최대 규모를 서로 갱신하며 더 뛰어난 수족관들이 많이 생기고 있다. 시드니까지 와서 수족관만을 찾아오기에는 조금 아쉽기도 하겠지만, 같이 붙어 있는 와일드라이프와 마담 투소까지 저렴한 가격으로 한 번에 본다면 나쁘지 않다. 특히 오늘처럼 비가 오는 날에는 말이다.

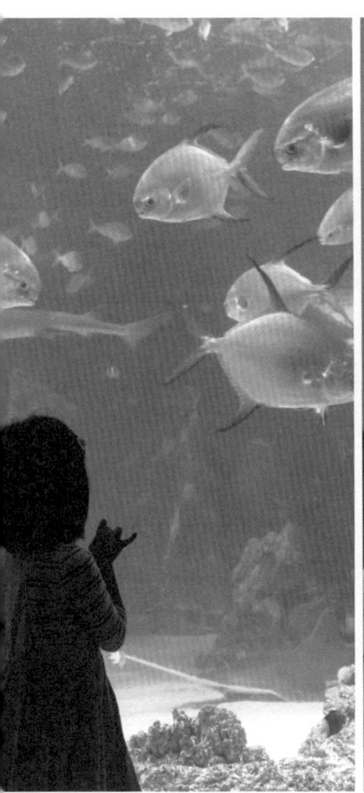

수족관에서 나와 다음으로 향한 곳은 마담 투소로, 세계 유명인들과 호주 출신이거나 호주에서 중요한 인물들을 밀랍 인형으로 만들어 전시해 놓은 곳이다.

"아빠, 저기 모자 쓴 사람은 누구야?"

"제임스 쿡 선장일 거야."

"선장? 대통령 같은 사람도 아닌 데 왜 여기 있어?"

"저 선장이 예전에 이 호주 땅을 발견했데. 저 사람이 아니었으면 지금의 호주는 없었을지도 몰라."

쿡 선장은 태평양 곳곳을 탐험하다가 1770년 호주 동쪽 해안가에 상륙하고 그곳을 뉴사우스웨일스New South Wales라고 명명했다. 이후 영국의 범죄자를 태운 배와 자발적 이민자가 들어 오면서 호주 정착민의 역사가 시작되었다. 원주민에게는 반갑지 않은 사람이겠지만, 호주인들에게는 새로운 역사를 시작하게 해준 역사적인 인물이다.

"윤정아, 저기 봐봐. 호주 대통령 같은 사람이 있네. 영국 여왕인 퀸 엘리자베스 2세인데 호주의 여왕이기도 해."

"왜 영국 여왕이 호주 여왕도 되는 거야?"

"그게 아까 봤던 쿡 선장이 영국 사람이었어. 원래 살던 원주민을 밀어내고 한동안 영국의 나라로 삼았거든. 나중에 '우리 따로 살 거야!' 하고 영국에서 독립은 했지만, 아직 여왕으로 모시고 있데."

그러고 보면 호주 역사는 불과 250년 정도밖에 되지 않았다. 250년 전에는 '애버리지니'라고 불리는 원주민이 이 넓은 대륙의 주인이었다. 그러나 총칼을 들은 영국 백인들에게 원주민들은 속수무책으로 당할 수밖에 없었다. 그러고 보면 이방인호주인이 지금 주인 행세를 하는 것이다. 돈을 쓰러 온 관광객들에게 호의적인 관광도시이지만, 영어에 서툰 이방인우리에게는 쌀쌀맞고 무시하기도

하는 호주인도 많았다. 특히나 나이가 많은 사람들일수록 더욱 그러했다. 결국 이방인이 다른 이들을 이방인 취급하는 곳. 그곳이 호주이기도 하다.

마지막으로 들린 곳은 와일드라이프 시드니 동물원Wildlife Sydney Zoo이었다. 이곳은 세계 최대 실내 동물원이라는 타이틀을 가지고 있다. 시드니에서 많이 가는 타롱가 동물원Taronga Zoo에 비하면 작긴 하지만 오늘과 같이 비가 오거나 날씨가 춥고 더울 때는 실내만큼 편안하고 좋은 곳도 없다. 작긴 해도 호주에서만 볼 수 있는 희귀동물을 차분히 관람할 수 있다.

호주는 오랜 시간 동안 대륙이 분리되어 있어 호주 대륙만의 희귀 동물이 많다. 대표적인 것이 유대목 포유류이다. 새끼를 주머니에서 키우는 유대목에는

잘 알려진 캥거루 외에도 캥거루와 닮은 왈라비, 웜뱃, 코알라, 주머니쥐 등이 있다. 이 유대목이 호주 포유류의 절반을 차지한다.

"아빠, 저게 코알라야? 자는 것 같은데? 왜 낮인데 자지?"

"코알라는 유칼립투스 나뭇잎을 먹고 사는데 나뭇잎에 있는 알코올 성분 때문에 하루 대부분을 잠을 자며 보낸다더라."

"알코올이 뭐야?"

WILD LIFE
SYDNEY ZOO
ADVENTURE

"아빠가 좋아하는 맥주 있지? 그게 알코올이야."

"아, 그러니깐 코알라도 아빠처럼 술 마시고 자는 거다 그렇지?"

"음……, 그…… 그런가 보다."

세 가지 관람을 모두 하고 밖으로 나오는데 흐리던 하늘은 어디로 가고 찬란한 푸른빛이 우리를 반겼다. 온종일 걸어 다녀 피곤했는데 갑자기 태양광 충전이라도 하는 듯 힘이 나기 시작했다. 아침에 하늘이 흐려 서둘러 지나쳤던 달링 하버를 천천히 산책했다.

한때 양털 수출로 호황을 누리던 달링 하버는 세계적인 관광지로 탈바꿈했다. 얼핏 들으면 사랑스러운 이름인 '달링 하버'. 사실 사랑하는 연인을 뜻하는 '달링Darling'이 아니다. 1980년대 관광지로 개발하면서 과거 뉴사우스웨일스 주지사였던 '랄프 달링'의 이름을 따온 것이다. 그렇다 하더라도 난 그냥 사람 이름이 아닌 사랑스러운 항구, Darling Harbour로 기억하고 싶을 만큼 아름다웠다.

일곱 살의 하루

10월 17 일 월 요일

동물원에 갔다.

캥거루를 만졌다.

보드라웠다.

"윤정아, 보드라웠다가 아니라 부드러웠다가 아닐까?"

"아니야, 보드라웠어."

'보드랍다'와 '부드럽다'가 어떻게 다른지 사전을 찾아봤더니 둘 다 같은 뜻이긴 하나 유사 단어에 약간의 차이가 있었다. '보드랍다'의 유사 단어는 포근하다, 연하다가 있지만 '부드럽다'에는 매끈하다, 물렁하다가 있었다. 윤정이 생각에는 포근하고 보들보들한 느낌이 부드럽기보다는 보드라웠나 보다.

"윤정아, 고마워. 아빠가 윤정이 덕에 또 하나 배웠네!"

> 한 번도 가본 적 없는 길.
> 처음에는 먼 것 같아도 되돌아올 때는 짧게 느껴진다.
> 만약 우리 인생의 앞을 이미 알고 있다면 어떨까?

05

본다이 비치

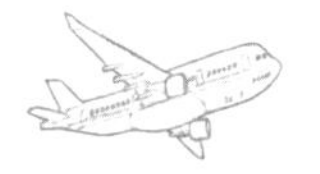

눈부신 햇살에 저절로 눈이 떠지는 아침이다. 어제 온 비로 하늘이 푸르게 물들었나 보다. 후다닥 일어나 창문을 열었다. 맨눈으로는 도저히 그냥 볼 수 없을 정도로 '쨍'하다. 명색이 가족 여행인데 아이한테도 그날의 여행지 선택권은 줘야 할 것 같았다.

"오늘 여행지는 윤정이가 선택해 봐."

"음, 난 여기 잘 모르니깐 아빠가 보기를 줘."

"1번 푸른 바다, 2번 파도치는 바다, 3번 그냥 바다."

"아 뭐야. 크크, 4번 모래사장 있는 바다로 가자 아빠."

탁월한 선택이다. 이런 날은 해변을 거닐어야 딱 맞지. 시드니에서 가장 인기 높은 본다이 비치Bondi Beach와 근처 해변을 거니는 것으로 일정을 정했다. 본다이는 원주민 말로 '바위에 부딪히는 파도'라는 뜻이다. 그 이름에 걸맞게 평일인데도 해변에서 서핑을 즐기는 사람이 상당히 많았다. 어제 내린 비 때문인지 아니면 원래 이런 날씨가 자주 나타나는지 모르겠지만, 하늘은 마치 편광필

터라도 끼워 놓은 것처럼 쨍하고 청명했다. 눈이 부셔 선글라스를 끼지 않고는 눈을 뜰 수가 없을 정도였다. 하늘 덕인지 바다 역시 푸르렀다.

아이들은 해변에 오자마자 모래 놀이 삼매경에 빠졌다. 모래는 분가루라도 뿌려 놓은 듯 부드럽고 고왔다. 덕분에 옷에 묻은 모래를 터느라 고생을 좀 했지만. 바다에 들어가지도 않으면서 작열하는 태양을 그대로 받고 있으려니 금방 지치고 힘이 들었다. 호주에서는 선크림을 바르지 않으면 한두 시간 만에도 피부가 까맣게 타버린다. 세계에서도 손꼽히게 피부암이 많이 발생하는 국가이다. 백인들은 복 받은 피부를 믿고 태양의 힘을 하찮게 생각했다. 그 결과 나이가 들면서 검버섯과 기미가 남는 사람이 유독 많고 피부암이 흔한 병이 되었다. 뭐 그만큼 피부암 치료법도 세계에서 가장 발달했다고 한다.

"윤정아, 한국에서도 할 수 있는 모래 놀이잖아. 모래 놀이는 다음에 하고 우리 주변 둘러보러 가자! 응?"

"난 돌아다니는 것보다 모래 놀이가 더 좋아."

풍경을 같이 나누고 아이와 기억을 동기화하고 싶지만, 아이에게는 풍경보다 모래 놀이가 더 재미있나 보다. 무엇이 그렇게 재미 있는지. 겨우겨우 달래 더위도 식힐 겸 본다이 해변 중앙에 있는 본다이 파빌리온에서 간단하게 점심을 먹었다. 유명한 관광지인 것에 비하면 가격도 저렴하고 맛도 나쁘지 않았다. 아이들을 키우다 보면 맛집인지 아닌지의 구분은 우리 아이들이 잘 먹느냐, 안 먹느냐에 따라 구분된다. 항상 아이들과 같이 갈 수밖에 없으므로 어쩔 수 없는 것 같다.

많은 관광객이 본다이 비치만 보고 가는데 본다이 비치에서 코지 비치Coogee Beach까지 이어지는 해안 산책길은 꼭 봐야 한다. 해안 산책길은 본다이 비치를 바라보고 오른쪽남쪽으로 조성되어 있다. 해변 산책길을 거닐다 보면 작고 아담한 해변을 여럿 만날 수 있다. 보통 오후 4시 정도에 퇴근하는 호주 사람들은 이런 해변에 나와 가족과 시간을 보내며 하루를 마감한다.

본다이 비치와 코지 비치 사이의 해변 산책로는 15년 전 친구들과 함께 일출을 보며 걸었던 길이기도 하다. 당시 한 달 동안 머물면서 이곳저곳을 다녔지만, 이 해변 산책로를 거닐었던 것이 가장 기억에 남았다. 앞으로 나가야 할 사회에 대한 두려움, 무엇을 하고 싶은지 알지 못했던 스물일곱 살이었다. 코지 비치에서 떠오르던 해는 끝이 없을 것만 같았던 터널 속에서 가느다란 빛이 되어주었다. 눈부신 아침 햇살에 점점 푸르러지는 바다를 끼고 거닐며, 많은 이야기를 나누었던 그 날을 아직 기억한다.

강산이 한 번 넘게 변했을 시간이지만 내가 다시 와서 길을 잃지 않도록 배려했는지 여기는 하나도 변하지 않았다. 걸으면 걸을수록 예전 기억이 새록새

록 살아났다. 그때는 지금과 반대로 코지 비치에서 일출을 보고 북쪽 본다이 비치로 걸었었다. 마치 그 시절로 돌아가는 것 같았다. 만약 거꾸로 걸어가서 그 시절로 돌아간다면 어떨까?

스물일곱 살의 나와 마흔두 살의 나 사이에는 많은 변화가 있었다. 사랑하는 아내를 만나 눈에 넣어도 아프지 않을 두 딸이 생겼다. 가족은 나에게 목표와 꿈을 심어 주었다. 더불어 80년 정도는 산다고 봤을 때 딱 절반을 살아온 지금, 인생 최대의 휴식과 전환점을 맞이하고 있다. 무척 행복한 나날을 보내고 있어서 혹시나 하늘에서 우리를 시기하지 않을까 하고 걱정 아닌 걱정을 할 정도로.

갑자기 영화 〈어바웃 타임About Time〉이 생각나면서 소름이 돋았다. 〈어바웃 타임〉의 주인공은 특별한 능력이 있는데 바로 시간을 거슬러 과거에 다녀올 수 있는 능력이다. 주인공은 그 능력을 이용하여 사랑하는 사람을 얻으려 한다. 원하는 사랑을 얻긴 했지만 결혼 후 시간여행을 하는 과정에서 매번 아이가 바뀌었다. 시간을 거슬러 발생하는 역효과로 영화를 보면서 가슴이 너무 아팠다. 순간 그 생각이 나면서 고개를 절레절레 흔들었다. 뭐 일어날 수 없는 일이지만 가슴 철렁한 상상이다.

두 아이를 데리고 돌아갈 길이 걱정되어 브론테 비치Bronte Beach에서 발길을 되돌렸다. 여기까지 올 때는 멀리 온 듯했는데 돌아가는 길은 금방이었다. 항상 느끼는 것이지만 모르는 길을 처음 갈 때는 먼 것 같아도 되돌아올 때는 짧게 느껴진다. 만약 우리 인생의 앞을 이미 알고 있다면 어떨까?

일곱 살의 하루

10월 18일 화요일

본다이비치에서 돗자
리를 폈다. 엄마가
샌드위치를 먹었다.

“아빠, 일기 다 썼어.”

“엄마가 샌드위치를 먹었다? 윤정아, 그 샌드위치 아빠 엄마는 먹지도 못했어. 너희들 먹이느라고.”

“그랬어? 난 모래 놀이하느라 엄마가 먹여줘서 잘 몰랐어. 크크.”

“
부모가 자식에게 해줄 수 있는 가장 큰 선물
형제, 자매
”

06

마케 시티, 중국 정원

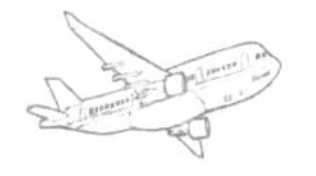

호주에 온 지 며칠 되지 않았는데 벌써 체력이 바닥이 났나 보다. 낮에는 운전하고 돌아다니고, 밤에는 사진 정리와 함께 이것 저것 하루를 마무리하면서 다음 날 어디를 갈 것인지 공부하고 나면 새벽 1~2시가 되기 일쑤다. 중간에 요리하고 아이들과 놀아주다 보니 슬슬 축적된 피로로 체력이 고갈됨이 느껴진다. 오늘 아침은 도저히 일어날 수가 없어 늦잠을 잤다.

겨우 아침을 먹고 출발 준비를 하니 이미 점심시간이다. 아무리 간단하게 아침 먹고 아이들 씻겨 준비한다고 해도 2~3시간은 훌쩍 지나버린다. 그나마 음식에 관심이 별로 없는 윤정이가 아침밥이라도 잘 먹어주면 나와 아내는 씻을 시간이라도 번다. 그렇지 않은 날은 눈곱 손으로 비벼 떼고 이라도 닦으면 다행. 손이 많이 가는 여자아이가 둘이기도 하지만 아이들이 있는 어느 집이나 마찬가지일 것이다.

육아휴직을 하기 전, 주말 한가한 시간에만 아이들을 볼 때는 미처 알지 못했다. 평소 집 근처에 있던 어린이집에 보낼 때도 등원 시간을 아슬아슬하게 넘기기 일쑤였다. 조금 더 일찍 깨우면 되지. 조금 더 잘 먹는 것으로 아침을 준비하면 되지. 머리 질끈 묶고 대충 옷 골라 입혀 보내면 되지 왜 매일 아침 전쟁을 치르고 늦는지 이해가 되지 않았다. 하지만 막상 아이들과 24시간 같이 지내보면서 알았다. 육아라는 것이 회사에서처럼 시켜서 되지도 않고, 나 혼자 열심히 한다고 되는 것이 아니라는 것을. 일찍 깨워야지 하면서도 잘 자는 아이를 보면 '5분만 더 재우자' 하다가 나중에 꼭 후회한다. 분명 전에 잘 먹던 반찬도 마음이 급하면 더 안 먹는 것 같고 어떨 때는 냉장고에서 꺼낸 오래된 반찬 한 가지로도 밥 한 공기 뚝딱 한다. 골라주는 옷 그냥 입었으면 하는데 그런 날은 꼭 몇 개 되지도 않는 옷을 고른다고 난리다. 어르고 달래도 그때뿐이다. 마음먹은 대로 되지 않는 것이 육아고, 상식이 통하지 않는 것이 육아다.

오늘도 전쟁을 치르고 마켓 시티로 갔다. 오늘의 목적지인 중국 정원China Garden과 가까이 있는 마켓 시티 쇼핑센터에 저렴한 월스 주차장이 있어 차를 몰았다. 마켓 시티 1층Ground에는 패디스 마켓Paddy's Market이 매주 수요일부터

일요일까지 열린다. 우리나라의 동대문 시장처럼 매장이 줄지어 자리 잡고 있다. 한국에 돌아가서 지인들에게 나눠줄 기념품은 여기서 사면 저렴하다.

호주 문화는 영국에서 시작되었다. 호주인들도 정원을 가꾸기 좋아하는 영국인을 닮아 정원 꾸미기에 관심이 많다. 다만 장미나 국화를 주로 심는 영국과 달리 기후가 비슷한 아프리카산 식물이나 호주 토종 식물을 주로 심는다. 다른 사람들의 시선을 신경 쓰지 않는 호주 사람들이지만 정원만큼은 다르다. 집 앞을 지나가는 사람들의 시선을 상당히 의식하는 편이다. 그래서 앞마당만 열심히 꾸민다. 그만큼 호주인에게 정원은 중요한 문화이다.

이런 문화를 반영했는지 통발롱 공원에는 중국과 시드니가 자매결연을 한 기념으로 중국 정원이 만들어졌다. 전형적인 명나라식 개인 정원으로 넓디넓은 호주의 공원에 비하면 아담하고 아기자기한 맛이 있다.

"수정아, 언니 손 잡아."

"네!"

"수정아, 여기로 가야 해."

"네!"

"여기 조심해, 언니 손 놓으면 안 돼."

"네!"

오늘따라 아이들이 온종일 붙어 다닌다. 누군가 둘째를 낳은 것이 가장 잘 한 일이고, 셋째를 낳은 것은 인생 최대의 실수였다고 했다. 나이 차이다섯 살가 커 걱정이었지만 수정이가 커 갈수록 둘이 잘 어울려 다행이다. 부모가 자식의 동반자나 친구를 대신 만들어 줄 수는 없다. 하지만 서로 의지가 되는 형제, 자매를 만들어 주긴 잘한 것 같다. 둘이 손잡고 걸어가는 것만 봐도 정말 행복하다. 물론 아직은 사이 좋게 노는 시간 보다는 싸우는 시간이 훨씬 많지만.

일곱 살의 하루

10월 19 일 수 요일

중국 정원에서 용에
동전을 던졌다.

"오늘은 뭐 그리고 있는 거야?"

"중국 마당 같은 곳에서 동전 던졌잖아. 그거 그리고 있어."

"앞에 그린 파란색이랑 빨간색은 뭐야?"

"아, 아빠는 그것도 몰라? 거기 용, 용 있었잖아. 기억 안 나?"

아이의 말이 맞는지 다시 카메라에 담긴 사진을 보고 나서야 이마를 '탁' 쳤다. 누가 어릴 적 많이 다녀봐야 기억 못 한다 했나. 아빠보다 훨씬 더 많은 것을 기억하는 것을.

"화려한 영국 건축물이 들어서고 그들이 건물주가 되었다.
그리고 원래의 땅 주인은 잊혔다."

07

퀸 빅토리아 빌딩, 앤잭 전쟁기념관

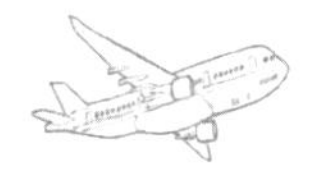

"아빠, 뭐해?"

"왜 일어났어?"

"화장실 가려고. 근데 아빠는 안자고 뭐해요?"

"내일 멀리 가려고 김밥 싸고 있어."

자정이 넘어서까지 블로그에 하루를 정리하고 졸린 눈을 비비며 김밥을 말았다. 시드니 유명 관광지인 블루마운틴을 가기 위해서였다. 블루마운틴에는 마땅히 식사할 곳이 많지 않다는 정보가 있어 미리 점심을 준비한 것이다. 마침 전날 한인 마트도 갔었기에 단무지와 우엉을 사 왔었다.

잠시 눈을 붙이고 피곤한 몸을 이끌며 일찍 일어났는데 하늘은 구름으로 꽉 차 있다. 어제 일기 예보 상 오전만 흐리고 점심 이후로는 맑아진다던데 하늘을 보니 구멍 하나 없이 두텁고 흐렸다. 블루마운틴은 푸른 하늘이 핵심이라서 급하게 일정을 변경하여 퀸 빅토리아 빌딩Queen Victoria Building, QVB을 찾아갔다.

주차 요금이 비싼 호주에서는 대부분의 주차장이 얼리버드early bird 요금을 제공한다. 아침 9시 30분까지 들어가고 오후 3~4시 이후에 나간다는 조건이 충족되면 요금을 25달러 내외로 깎아주는 것이다. 보통 시내 종일 주차비가 적어도 40달러에서 비싸면 70달러 이상 받는 곳도 많은데 그에 비하면 아주 좋은 조건이다. 9시 28분에 겨우 주차장에 들어섰다. 세이프!

빌딩 내부는 고풍스러우면서도 최근에 지어진 것처럼 깨끗하고 따뜻한 분위기였다. 지상 3층에서 지하 2층까지 상점이 빼곡히 들어서 있었다. 백화점을 왔다기보다는 박물관이라도 온 듯한 느낌이었다. 새로 단장한 매장들 사이사이로 오래된 계단, 엘리베이터, 화장실이 숨바꼭질하듯 숨어있었다. 백 년이 훌쩍 흘렀지만 시간이 멈춘 듯 자리를 지키고 있었다.

뭔가를 사려고 온 것은 아니지만 견물생심이라고 계속 둘러보다 보니 사고 싶어지는 것이 있었다. 그러나 지금은 휴직 중임을 머릿속으로 되새기며 겨우 참았다. 3층을 어슬렁거리고 있으려니 시계탑에서 정시를 알리는 소리가 났다. 퀸 빅토리아 빌딩의 명물인 두 개의 시계에서 30분 간격으로 시간을 알려준다. 날짜와 요일 그리고 시간이 둘레를 따라 천천히 돌며 현재를 알려준다. 캡틴 쿡의 배로 보이는 오브제가 초침이 되어 돌아가는 모습에 아이들은 눈을 떼지 못했다. 천장에 매달려 있는 시계와 그 밑으로 보이는 아래층의 모습이 특히 아름다웠다. 왜 세계에서 가장 아름다운 백화점으로 꼽히는지를 알 것 같다.

시계를 가까이 보면 1770년 캡틴 쿡이 호주 대륙을 발견하던 장면이 미니어처로 장식되어 있다. 시계를 빙 둘러 호주 역사가 간략하게 기록되어 있는데 이를 찾아보는 것도 또 다른 재미가 있다.

빌딩 곳곳에는 19세기 양식의 원형 계단과 은은한 조명을 더 해주는 스테인드글라스 등 그냥 지나칠 수가 없는 오브제들이 여기저기 널려있다. 둘러만 보고 나가기 아쉬워 3층 카페에서 커피와 마실 것을 주문하고 자리를 잡았다. 시드니에서 가장 유명한 쇼핑몰이라 제법 가격이 높을 것 같았는데 오히려 우리나라 커피 가격보다는 싼 편이다. 부탁하지 않았는데도 물도 주고 오래 앉아 있어도 자리를 비워달라고 눈치를 주지도 않는다. 의외의 배려로 잠시 쉬며 퀸 빅토리아 빌딩 구석구석을 눈에 담았다.

퀸 빅토리아 빌딩에서 밖으로 나왔다. 두껍던 구름은 어느새 어디론가 가버리고 하얀 구름 사이로 푸른 하늘이 보이기 시작했다. 준비해 온 아빠표 김밥을 먹기 위해 가까이에 있는 하이드 파크Hyde Park를 다시 찾았다. 점심시간이 되어서 그런지 많은 직장인이 음식을 테이크 아웃해서 맑아진 하늘을 느끼며 식사를 하고 있었다. 지난번엔 하이드 파크 북쪽을 봤기에 오늘은 앤잭 전쟁 기념관ANZAC War Memorial이 있는 하이드 파크 남쪽에 자리 잡았다.

돗자리를 펴고 초등학교 때 기다리고 기다리다가 떠난 소풍을 온 것처럼 들뜬 마음으로 도시락을 열었다. 생각으로는 푸른 잔디밭에 앉아 봄 햇살을 온

몸으로 느끼며 한가로이 식사할 것 같았지만, 현실은 또 아이들 먹이느라 정신이 없다. 윤정이는 안 먹는다고 속 썩이고, 수정이는 너무 허겁지겁 많이 먹어 걱정이다. 한 부모 아래 나온 자식인데 어쩜 이렇게 다른지. 뱃속에 도로 넣어 반반 섞고 싶을 정도다. 주위에 사람이 없어 망정이지 나는 안 먹고 도망가는 윤정이를 부르느라 목청이 터지고, 엄마는 수정이가 흘리는 밥 주워 먹느라 정신이 없다.

호주를 다니다 보면 '앤잭'이라는 이름이 붙은 길이나 공원, 건물을 쉽게 볼

수 있다. ANZAC은 Australian and New Zealand Army Corps의 약자로 뉴질랜드와 함께 제1차 세계대전 참전했던 것을 뜻한다. 제1차 세계대전 발발 전 호주는 이미 영국으로부터 독립을 선언했었지만, 영국의 식민지였다는 이유로 원하지 않는 전쟁에 참여했었다.

4월 25일은 앤잭 데이라고 호주와 뉴질랜드의 공휴일로 지정되어 있다. 호주와 뉴질랜드 연합군은 영국과 러시아의 보급품 지원을 위해 4월 25일 터키의 항구 '갈리폴리'에 상륙했다. 당시의 치열한 전투로 앤잭 연합군은 1만여 명이 사망하는 등 대패를 하게 된다. 결국 이 일로 영국에 대한 반감이 극에 달하게 되었고, 영국의 잔재를 지우는 데 중요한 기점이 되었다.

앤잭 전쟁기념관 천정에는 금으로 된 1만 개 이상의 별과 같은 장식이 있는데 이는 그 당시 죽은 군인들을 기리기 위한 것이라고 한다.

"

아빠는 오늘도 세 여자와 추억을 만들기 위해
타국에서 고군분투 중.

"

08

블루마운틴, 시닉 월드

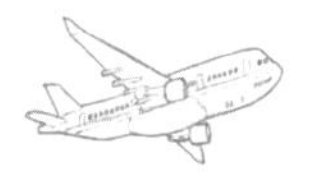

시드니에서 서쪽으로 약 100km 정도 떨어져 있는 블루마운틴 국립공원Blue Mountains National Park은 시드니 근교 여행에서 빠지지 않는 코스이다. 시드니 시내에서 M4 고속도로를 타고 가다가 A32 도로를 따라가면 블루마운틴보통 블루마운틴스 국립공원을 줄여서 블루마운틴이라 부른다에 닿을 수 있다. 대부분 국도는 60km에서 80km의 속도로 가면 되고 스쿨존에서는 40km 이하로 가야 한다. M4 같은 고속도로는 100km에서 110km 사이로 갈 수 있다. 호주는 과속에 대한 벌금이 엄청 높으니 서두르지 않는 것이 좋다.

"아빠, 언제쯤 도착해?" 이 말을 윤정이가 한 100번쯤 했을 때 블루마운틴 에코포인트Echo Point information Centre에 도착했다. 조금이라도 늦었으면 윤정이도 나도 폭발했을 거다. 멍하니 차를 타기도 쉽진 않겠지만, 운전하는 아빠도 쉽지는 않다는 것을 윤정이는 모르겠지. 이럴 땐 정말 수정이가 부럽다. 한숨 잘 자고 일어나면 타임머신을 탄 듯 목적지에 도착해 있으니.

주차하고 사람들이 모여 있는 곳으로 걸어갔다. 저 멀리 지평선이 보이기 시작했다.

"아빠, 저기 끝이 바다야?"

협곡의 끝 지평선과 하늘이 맞닿는 곳이 마치 바다처럼 푸른빛이 돌았다.

"저기는 바다가 아니야. 여기 산에는 유칼립투스 나무가 많아. 그런데 유칼립투스 나뭇잎에는 알코올 성분이 있다고 했지? 그게 햇볕을 받으면 나무의 수분과 함께 증발하며 저렇게 푸른빛이 돌게 되는 거야."

"아 그래서 이름이 블루마운틴이라는 거야?"

"응, 맞아."

미국의 유명한 협곡인 그랜드 캐니언을 직접 보지는 못했지만, 왜 블루마운틴이 호주의 그랜드 캐니언이라고 불리는지 그 이유를 알 것 같았다. 수백만 년 동안 쌓이고 쌓인 사암층이 물과 바람을 만나 오랜 세월 만들어낸 협곡은 감탄을 넘어 경외심까지 불러일으켰다. 가장 깊은 협곡은 7백 미터가 넘는다.

발아래를 내려다보았다. 빼곡히 자라고 있는 유칼립투스 나무가 풍성해 보여서 무섭다기보다는 푹신해 보였다. 미국의 그랜드 캐니언보다는 좀 더 포근한 느낌이랄까?

"아빠, 아빠! 저기 커다란 바위가 세 개 있어."

"응, 저게 세자매봉이라 불리는 거야."

"왜 세자매봉이야?"

"그게 아주 옛날 아름답다고 소문난 세 자매가 있었는데, 그들을 보기 위해 나쁜 마왕이 인간 세계에 내려왔었데. 근데 세 자매의 아빠인 마법사가 세 딸을 지키기 위해 마법을 사용하여 바위가 되게 한 거야."

"그래서? 그래서?"

"이 사실을 안 나쁜 마왕이 화가 나서 마법사를 죽여 버렸고, 마법을 풀지 못한 세 자매가 아직 저렇게 바위로 남아 있는 거래."

마법사가 만들었는지 세월이 만들었는지 모르겠지만, 하나 확실한 것은 눈이 시리도록 풍광이 뛰어났다.

"아빠, 그럼 정말 원래 사람이었는지 가까이 가서 보면 안 돼?"

"좋아!"

세자매봉을 조금 더 가까이 보기 위해 자이언트 계단으로 향했다. 자이언트 계단은 세자매봉 중 가장 가까운 봉에 직접 가볼 수 있는 산책로이다. 에코포인트 인포메이션 뒤편에서 출발해서 10분 정도만 걸으면 된다.

아주 가파르고 좁은 계단을 내려가면 세자매봉 중 하나에 갈 수 있다. 자이언트 계단을 계단이 '크거나 높다'라는 뜻으로 순간 이해했는데 '커다란 세자매봉'에 갈 수 있다는 뜻인 것 같다. 가까이 다가간 세자매봉은 멀리서 본 것과는 달리 엄청난 크기였다.

점점 내려갈수록 나도 모르게 난간을 쥔 손에 힘이 들어갔다. 위에서 쉽게 봤는데 내려가 보니 살짝 오금이 저릴 정도로 무서웠다. 아빠인 나도 이렇게 무서운데 윤정이는 씩씩하다. 손을 잡아 준다고 해도 한사코 혼자 가겠다고 한다. 하긴 그동안 같이 여행 다닌 세월이 얼만데. 이쯤이야!

블루마운틴을 좀 더 깊이 들여다보기 위해 근처 시닉 월드Scenic World에 갔

다. 시닉 월드는 골짜기와 골짜기를 이어주는 스카이웨이, 옛날 석탄과 광부의 이동 수단이었던 급경사 레일웨이, 그리고 호주 최대 크기를 자랑하는 케이블웨이를 타볼 수 있는 곳이다.

필요에 따라서는 낱개로 돈을 내고 탈 수 있지만, 통합권에 비해 크게 가격 차이가 나지 않는다. 통합권은 성인 39달러, 아동 21달러인데 세 가지를 하루 동안 무제한으로 탈 수 있다. 좀 비싸게 느껴지기도 하지만 무료 주차도 지원되고 세 가지 모두 타본 결과 전혀 아깝지 않았다.

오전에 에코포인트를 보고 오후 3시가 다 되어 도착한 우리는 마지막 탑승이 4시 50분이라는 소리에 마음이 급해졌다. 표를 끊으며 추천코스를 물었더니, 점원은 노란색의 스카이웨이를 타고 먼저 왕복하고 빨간색 레일웨이를 타고 내려가란다. 그리고 10분 정도 산책하고 마지막에 올라올 때는 파란색의 케이블웨이를 타는 코스로 추천해 줬다.

점원이 추천해 준 대로 노란색의 스카이웨이를 먼저 탔다. 시닉 월드 탑 스테이션에서 출발해서 건너편 클리프 뷰 전망대Cliff View Lookout쪽으로 왕복하는 코스였다. 출발과 동시에 투명한 케이블카 바닥으로 블루마운틴의 골짜기가 보이기 시작했다. 그리고 스카이웨이의 핵심인 카툼바 폭포가 시원스레 펼쳐졌다. 실제로 보는 원근감과 깊이감은 정말 대단했다. 두 눈으로 느껴지는 감동을 한 눈을 가진 카메라로는 도저히 담을 수가 없었다.

두 번째로 골짜기 아래로 내려갈 수 있는 레일웨이를 탔다.

"아빠, 기차를 탄다고 하더니 왜 엘리베이터를 타는 거야?"

"크크, 이건 엘리베이터가 아니고 옛날에 광부들과 석탄을 위아래로 옮겨주

던 수직 철도라는 거야. 전에 우리나라 태백에서 탔던 강삭철도 기억나?"

"응, 기차 이름은 기억 안 나는데 위로 올라가는 기차 탔던 것 생각나."

"그거랑 같은 거야. 지금은 광산이 문을 닫아서 이렇게 관광 열차로 만들었데."

각도가 52도로, 세계에서 가장 급경사의 열차로 기네스북에도 올라있다고 한다. 출발하자마자 급경사로 들어갔다. 마치 놀이동산에라도 온 듯한 착각이 들 정도로 빨랐다. 오히려 안전띠 같은 것이 없어서 그런지 더 무섭기도 하고 스릴 넘치는 듯했다. 빠른 속도만큼 짧은 레일웨이를 타고 내려와 블루마운틴 골짜기로 깊숙이 들어왔다.

여기서 파란색 케이블웨이를 타러 가는 길은 10분, 30분, 50분의 세 가지 코스가 있다. 아이들을 데리고 산책하면 10분 거리도 30분이 넘게 걸리기 일쑤라 짧은 코스를 선택했다.

산책로 주변으로 사람의 손이 닿지 않은 원시림이 끝도 없이 펼쳐져 있었다. 웃기면서도 대단하다고 느끼는 것이 산책로의 난간은 사람을 보호하기 위해서가 아니라 숲을 보호하기 위해서란다. 호주인들의 자연에 대한 마음이 대단해 보인다.

사람이 숲과 나무를 망치는 것이지, 숲이 사람을 망치지 않는다는 사실을 우리는 자주 잊고 사는 것은 아닐까.

일곱 살의 하루

10월 21 일 금 요일

	케	이	블	카	를		타	고			
	멋	진		풍	경	을		봤	다	.	

“어? 윤정아! 빨간색 레일웨이가 제일 재미있었다며? 너 때문에 그걸 세 번이나 탔는데 왜 노란색 케이블카를 그렸어?”

“그게, 빨간색 레일웨이는 그리기가 어려워서 크크.”

“뭐? 그래 뭐 그건 그렇다 치고, 저 분홍색은 뭐야?”

“케이블카만 그리니 심심해 보여서 리본을 달아줬어.”

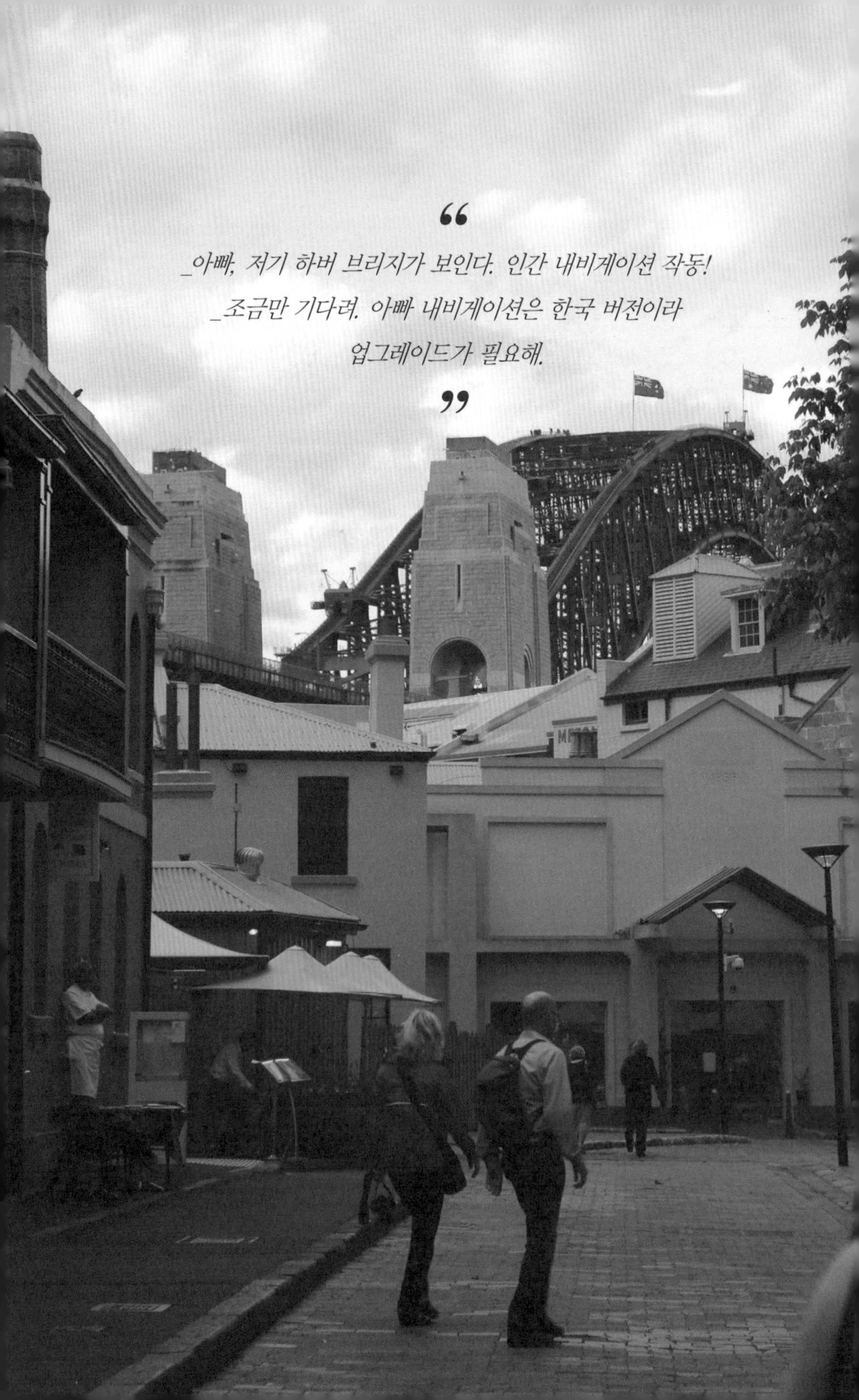

"

_아빠, 저기 하버 브리지가 보인다. 인간 내비게이션 작동!

_조금만 기다려. 아빠 내비게이션은 한국 버전이라

업그레이드가 필요해.

"

09

록스, 하버 브리지

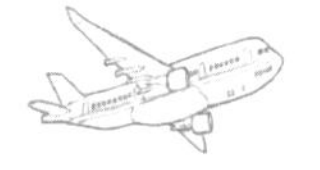

1770년 캡틴 쿡이 호주 대륙을 발견하고 뉴사우스웨일즈로 명명한 후, 18년 뒤인 1788년 최초로 영국의 범죄자를 태운 배가 호주에 도착한 지역이 바로 시드니 록스The Rocks이다. 록스는 바위가 많다고 해서 붙여진 이름이다.

이곳은 개척시대의 흔적이 아직도 남아 있었다. 오래된 건물과 돌을 다듬어 만든 골목의 벽돌이 군데군데 보인다. 특히 바위를 잘라 만든 아가일 컷Argyle Cut, 돌을 깎아 만든 터널은 여기에 얼마나 많은 바위가 있었는지 짐작하게 해준다. 록스가 관광객들에게 특히 인기인 이유는 매주 토요일과 일요일 오전 10시부터 오후 5시까지 프리마켓이 열리기 때문이다. 직접 만든 목걸이부터 각종 기념품, 옷 그리고 다양한 먹거리까지 여러 종류의 물건이 거래된다.

오후까지 내린 비로 늦게 움직이는 바람에 록스에 도착했을 때 시장은 이미 마지막 열을 올리고 있었다. 구경삼아 둘러보았는데 가격이 특별히 저렴하지는 않았다. 그래도 일반적인 기념품 상점에서 쉽게 보지 못한 독특한 물건들이 제

법 있었다. 시장에서 먹거리는 역시 최고 인기가 있다. 곳곳에 있는 길거리 음식이 배고픈 여행자를 자꾸 유혹했다. 늦은 점심을 먹고 오지 않았다면 아마 이성을 잃고 사 먹었을 것 같다.

"아빠, 전에 봤던 뾰족뾰족집 있지?"

"오페라하우스?"

"응, 나 거기 다시 보고 싶어."

"그래, 그럼 오늘은 조금 더 높은 곳에서 오페라하우스를 내려다보자."

록스 마켓을 둘러보고 아가일 스트리트에서 하버 브리지Harbour Bridge로 올라갈 수 있는 계단으로 향했다. 다리로 올라갈 수 있는 곳이 있다고 들었는데 록스 인포메이션에서 받은 지도를 이리저리 돌려 봐도 입구를 통 찾을 수가 없었다. 나름 인간 내비게이션이라는 별명을 가졌는데 록스는 여기나 저기나 다 비슷하게 생겼다. 당황한 나를 대신해 윤정이가 두리번거리더니 "아빠, 여기래"라고 소리친다. 아이의 손이 향한 간판에는 'Bridge Climb'라고 쓰여 있었다. 오호! 대단하다. 설마 영어를 읽은 거야? 대견하긴 했지만 알고 보니 브리지 클라임은 돈을 내고 다리를 오르는 투어를 신청하는 곳이었다. 아쉬워하는 윤정이의 표정을 보니 정말 도움이 되고 싶었나 보다. 가족이 함께하는데 길을 헤매

는 것쯤이 뭐가 대수랴.

시드니 하버 브리지는 장기 불황을 타개하기 위해 호주 정부에서 추진하여 1932년에 완공되었다. 왕복 8차선에 철도와 인도까지 세계 최대 폭을 자랑하는 다리로, 오페라하우스와 더불어 시드니를 대표하는 랜드마크라 할 수 있다. 오페라하우스에서 하버 브리지를 바라보는 것도 좋지만 시간이 된다면 직접 하버 브리지를 걸으며 오페라하우스를 내려다보는 것도 꼭 해볼 만하다.

어렵사리 계단Bridge Stairs을 찾아서 드디어 하버 브리지로 올랐다. 옆으로는 오페라하우스가 보이고 앞으로는 거대한 다리 기둥이 보였다. 다리를 지탱하는 거대한 기둥 '파일론Pylon'을 가까이 보는 순간 피라미드를 지키는 스핑크스 같다는 생각을 했다. 파일론 전망대Pylon Lookout에서 바라보는 시드니 항은 가히 명품이라 칭할만했다. 아래에서 바라본 오페라하우스하고는 또 다른 이미지였다.

"아빠, 여기서 보니깐 오페라하우스가 정말 큰 배 같아."

"그러게, 지붕이 하얀 돛대 같다. 그렇지?"

"응, 근데 나 좀 추워."

원래 계획은 걸어서 하버 브리지를 건너고 다리 건너편에서 배를 타고 서큘러 키Circular Quay로 돌아오려고 했었다. 그런데 아침에 내린 비로 기온도 떨어지고 바람도 많이 불어서 더 걸어갔다가는 아이들은 물론 나와 아내도 감기에 걸

릴 것 같았다.

"그래, 오페라하우스의 항해는 다음으로 미루고 이만 숙소로 가자."

일곱 살의 하루

10월 22일 토요일

하버 브리지에서 오페라하우스를 봤다.

저녁을 먹고 자기 전에 그림일기 그리라 했더니 1분도 안 되어서 하버 브리지를 그려왔다. 그림을 그릴 때 고민하지 않고 머릿속의 이미지를 거침없이 표현하는 아이가 부럽다. 뭐하나 그리려면 이리 고민하고 저리 고민하다 결국은 아무것도 못 해내는 아빠보다 딸이 훨씬 잘 그리는 것 같다.

"
함께여서 좋고 함께일 때 완벽해지는 것,
가족
"

10

노스 헤드, 맨리 비치

아이들과 함께하는 여행이라 모든 일정은 아이들의 컨디션에 맞춰야 한다. 특히 두 살 수정이의 심기를 건드리면 하루가 피곤하다. 이제 18개월 지났기에 하루 두 번은 낮잠을 자야 한다. 한번은 점심 먹기 전, 또 한 번은 오후 늦게. 여행을 좋아하는 가족의 일원으로 다행히 차에서 잘 자는 편이다. 보통 11시에서 12시 사이에 첫 낮잠을 자야 하므로, 오전에 투어 나갈 준비를 하고 11시쯤 출발을 하면 타이밍이 딱 맞다.

오늘의 목적지는 노스 헤드North Head와 맨리 비치Manly beach다. 나폴리이탈리아, 리우데자네이루브라질와 함께 세계 3대 미항으로 꼽히는 시드니 항은 노스 헤드와 사우스 헤드South Head에서 시작되는데, 시드니 만의 문기둥이라 할 수 있는 노스 헤드는 북쪽 맨리에 있다.

수정이는 오늘도 엄마 아빠를 괴롭히지 않고 잠이 들었다. 숙소에서 노스 헤드는 가까운 편이라 도착을 해서도 아직 꿈나라 속이다. 윤정이한테는 미안하지만 수정이가 깰 때까지 차에 대기해야 한다. 깨우는 타이밍도 재우는 것

못지않게 중요하기 때문이다.

꿀잠 자고 일어난 수정이를 안고 시드니 시내와 사우스 헤드 쪽을 바라볼 수 있는 노스 헤드 뷰 포인트에 왔다. 날씨는 맑은데 바람이 무지하게 불었다. 잠시라도 서 있을 수가 없을 정도로. 짙푸른 바다와 청명한 하늘이 만나는 곳에 시드니 시내가 보였다. 시내에서 불과 30분 정도 떨어진 곳에 이런 자연경관이 있다니, 여기 사람들이 갑자기 부러워졌다. 깎아질 듯한 절벽 해안에 하얗게 부서지는 파도가 탄성을 자아내게 한다. 마치 카푸치노의 거품 같았다. 난간이 있어 떨어질 일은 없겠지만, 나도 모르게 아이들을 잡은 손에 힘이 들어갔다.

"아빠, 호주는 우리하고 계절이 반대라고 했지?"

"응."

"그럼 지금 봄인 거야?"

봄에서 여름으로 넘어가고 있는 시드니의 바람은 강하긴 했지만 차지 않았다. 바람이 차기까지 했다면 감기 걱정에 금방 발길을 돌려야 했겠지만, 다행히 바람은 햇볕의 온기를 따뜻하게 품고 있었다.

장기 여행에서 가장 걱정되는 것이 아이들을 비롯한 가족의 건강이다. 아이들이 아프면 혹시나 우리가 이렇게 데리고 다녀서 아픈 것이 아닌가 하는 생각에 마음이 아프다. 그래도 육아휴직을 하고 5개월째 여행을 하고 있지만 아직

아프지 않아서 다행이고 고맙다.

점심을 먹기 위해 맨리 선착장Manly Wharf으로 갔다. 몇 곳을 돌아다니다가 바바리안 비어 카페에 자리를 잡았다. 맥주를 좋아해서 그런지 비어 카페라는 단어가 끌렸다. 딱히 전통 음식이 없는 영국을 닮아서 그런지 호주도 피시엔 칩스 말고는 유명한 음식이 없다. 다행히 여기는 메뉴에 슈니첼오스트리아식 돈가스과 독일식 소시지가 있었다. 점심이라고 쓰고 안주라고 읽는 나는 수제 맥주의 유혹을 겨우 참았다. 아마 운전만 아니었으면 오늘의 투어를 여기서 마감했을 것이다.

바다를 바라보며 식사를 할 수 있어 좋았고 음식도 나쁘지 않았다. 비어 카페답게 많은 사람이 맥주를 나눠 마시고 있었다. 식당을 위한 법인지 아니면 손님을 위한 법인지 모르겠으나 보통 뉴사우스웨일즈의 식당에서는 맥주만 팔지 않는다. 술을 팔지 않는 식당도 많고 술을 파는 곳도 식사를 시켜야 술을 시킬 수 있다. 그런데 여기는 식사를 시키지 않아도 술을 시킬 수 있게 허가를 받은 곳이었다.

식사를 마친 후 오늘 투어의 핵심인 맨리 비치로 향하려는데 가장 먼저 갔던 노스 헤드가 너무 강렬했는지, 아니면 온종일 바람에 맞서다 보니 진이 빠졌는지 그냥 숙소로 돌아갈까 하는 마음도 들었다. 하지만, 언제 또 여길 올지 모르는 일이라 들르기로 했다.

바람이 많이 불어서 일까? 본다이 비치에 갔을 때보다 훨씬 높은 파도가 넘실거렸다. 먼바다의 파도 소리가 해변까지 무섭도록 들리는데 서퍼들은 물 만난 고기처럼 신나게 파도를 즐기고 있었다.

윤정이가 쪼르륵 와서는 모래 놀이를 할 거냐고 묻길래 날씨가 추워서 안 된다 했더니 "칫!" 하며 차로 돌아가 버렸다. 둘째 수정이가 늦은 점심을 먹고 비치로 오는 짧은 시간에 잠이 들어 아내가 차에서 나오질 못하다 보니 나 혼자 덩그러니 맨리 비치에 섰다. 다녀온 사람들이 본다이 비치보다 맨리 비치가 좋다고 하던데 혼자 바라보는 바다는 그리 멋지지 않았다. 역시 가족은 뭐든 함께 해야 제맛이 나는 것 같다.

"

항상 딛고 살던 땅에서 발을 뗐을 때와
언제나 찾아오던 일상을 벗어 던졌을 때 느끼는 두려움은 닮았다.

"

11

그랜드 퍼시픽 드라이브

시드니에서 출발하여 울릉공Wollongong을 향해 남쪽으로 달렸다. 한 1시간을 내려왔을까? 구글 내비게이션은 M1 고속도로를 따라 계속 남쪽으로 향하라고 하는데 저 멀리 그랜드 퍼시픽 드라이브Grand Pacific Drive를 알리는 표지판이 보였다. 그랜드 퍼시픽 드라이브는 NSW뉴사우스웨일즈 시드니 남부에서 시작해 캔버라까지 이어지는 주요 관광 도로이다. 이대로 고속도로를 타고 가면 금방 울릉공에 다다를 텐데 하고 잠시 고민했다. 하지만 무엇이 급하랴. 여행은 목적지보다 중요한 것이 그곳을 찾아가는 과정인 것을. 짧은 고민을 뒤로하고 고속도로를 빠져나와 그랜드 퍼시픽 드라이브로 접어들었다. 잠시 나무가 우거진 숲을 지나는 듯하더니 짙푸른 바다가 눈앞에 나타났다.

지도에는 스탠웰Stanwell이라고 나왔지만 한국 사람들에게는 볼드 힐Bald Hill로 더 잘 알려진 전망대 겸 활공장이 나왔다. NSW에서 유명한 활공장답게 많은 사람이 패러글라이딩과 행글라이딩을 즐기고 있었다. 구름 하나 없는 하늘에

적당히 불어오는 바람은 나도 저들과 함께 하늘을 날고 싶은 충동을 들게 했다.

"우와! 저거 되게 멋있다. 아빠, 저거 뭐야?"

"패러글라이더라는 거야. 아빠도 예전에 좀 탔었어."

"정말?"

어린 시절 파일럿이 꿈이었던 나는 대학 입학 후 패러글라이딩 동아리에 들어갔다. 뭐 하나 시작하면 끝장을 보는 성격인데 한창 불붙을 시절에 군대에 갔고 제대 후에는 금전적인 여유도 없을뿐더러 취업에 대한 부담까지 겹쳐 열정은 그만 시들어 버렸다.

대학 졸업 시기에 만난 아내는 내가 하고자 하는 모든 것에 그 어떤 응원도 아끼지 않았지만, 패러글라이딩은 다시 하지 말라고 했다. 나도 대학 시절 두 번의 죽을 뻔한 상황을 겪어서이기도 하고 가족이 함께하지 못하는 취미는 하지 않겠다고 생각한 터라 잊고 살았다. 하지만 오늘만은 모든 것을 뒤로하고 다시 도전해 보고 싶었다. 한국에서는 이런 천혜의 조건을 가진 활공장이 없다.

돌풍 하나 없이 꾸준히 불어오는 바람은 글라이더를 하늘 높이 올려줄 것이고, 그곳에서 바라보는 바다와 하늘은 평생 다시 못 볼 아름다움일 것이다. 활공장에 있던 강사에게 텐덤강사와 같이 타는 2인용 패러글라이딩이 있냐고 물었더니 있단다. 가격도 한국의 반값이었다. 목구멍까지 하고 싶다는 말이 올라오는 것을 가까스로 참았다. 혼자 즐기는 동안 기다릴 가족한테 미안해서였을까? 아니면 겁이 나서였을까?

패러글라이딩을 할 때 가장 짜릿한 순간은 이륙할 때이다. 활공장에 올라 이륙을 준비할 때 심장은 터질 듯 두근거린다. 아무리 많이 탔어도 출발은 항상 그랬다. 모든 준비를 마치고 바람을 읽는다. 바람이 안정되고 출발 준비가 되면 두근거리는 심장에 한껏 숨을 불어 넣어준다. '흡~ 휴~' 크게 숨을 쉬고는 기체를 당기고 힘껏 달려 하늘을 향해 뛰어오르면 귀에는 바람 소리만이 들린다. 발이 땅에서 떨어지는 순간 터질 듯했던 심장은 어느새 평온해진다. 그렇게 찾아오는 평화로움이 가장 짜릿하다.

육아휴직을 결심하고 가족과 함께 24시간을 보내기로 작정을 했을 때도 가슴은 두근거렸다. 이래도 될까? 잘하는 것일까? 가족과 함께 기나긴 여행을 떠나기로 했을 때는 가슴이 터질 것 같았다. 항상 딛고 살던 땅에서 발을 뗐을 때와 언제나 찾아오던 일상을 벗어 던졌을 때 느끼는 두려움은 닮았다. 하지만 그 두려움을 딛고 우리 가족은 일상에서 이륙했다. 그리곤 행복해졌다. 일정에 없던 장소, 우연히 찾은 볼드 힐에 서서 지금 주어진 다시 없을 시간을 곱씹어 본다.

활공장에서 멀리 씨 클리프 브리지Sea Cliff Bridge가 보였다. 어쩌면 그랜드 퍼시픽 드라이브의 핵심이라 할 수 있는, 누구나 한 번쯤은 자동차 CF에서 봤을 그곳. 활공장에서 그랜드 퍼시픽 드라이브를 따라 남쪽으로 가다가 보면 나온다. 다리를 건너면 주차할 곳이 있다. 시간에 여유가 있다면 잠시 차를 세워두고 다리를 걸어 보길.

원래 해변을 따라 도로가 있었는데 잦은 낙석으로 길이 막히게 되자 2005년에 새로이 건설한 다리라고 한다. 보통의 나라에서는 낙석이 많이 생기는 곳이면 절벽에 시멘트를 바르던지 낙석 방지 구조물을 덕지덕지 붙이는 것으로 마무리했을 것이다. 하지만 자연 훼손을 싫어하는 호주에서는 그냥 옆에다가 다리를 놓아 버렸다. 그들의 사고방식을 엿볼 수 있는 곳이다.

씨 클리프 브리지에서 발걸음을 재촉해 울릉공에 오면 꼭 들린다는 등대로

왔다. 여행지는 낮과 밤, 그리고 사계절을 모두 경험해야 참모습을 알 수 있을 텐데 여행자의 입장에서는 불가능한 일이다. 같은 장소라도 날씨가 좋았던 사람은 좋은 평가를 할 것이고 궂은 날씨였다면 평가 역시 좋지 않을 것이다. 오늘 우리가 그랬다. 하늘은 더 할 수 없이 푸르렀지만 갑자기 추워진 날씨와 어제부터 이어진 강한 바람이 아이들과 함께 바다를 감상하기에는 부담스러웠다. 각종 여행 정보에서도 칭찬 일색이고 4박 5일의 짧은 일정에서도 하루를 보내는 주요 여행지인데, 호주의 다른 멋진 풍광을 많이 봐서일까? 아니면 날씨 탓이었을까? 우리는 금방 울릉공을 벗어났다.

만족스럽지 못한 울릉공 등대 포인트에서 숙소로 그냥 돌아갈지 아니면 조금 더 남쪽으로 내려갈지 깊은 고민에 빠졌다. 아이들의 컨디션을 고려하면 슬슬 마무리하고 숙소로 돌아가는 것이 맞겠지만, 먼 길 달려온 수고에 비하면 뭔가 아직 여행에 대한 갈증이 채워지지 않은 느낌이었다.

"윤정아, 피곤해? 숙소로 갈까? 아니면 조금 더 보고 갈까?"

"음…… 피곤하기도 한데, 아빠가 더 보고 싶은 것이 있으면 하나 더 보고 가자. 난 괜찮아."

쿨한 윤정이의 응원에 힘입어 마지막 코스로 키아마Kiama에 있는 블로우홀Blow Holes만 더 보고 가기로 했다. 울릉공에서 남쪽으로 30분 정도 떨어져 있는 블로우홀은 이름에서 유추해 볼 수 있는 것처럼 돌에 구멍이 뚫려 바람이 통하는 곳이다. 자연적인 침식으로 만들어진 동굴로 파도가 밀려오면 블로우홀을 통해 파도가 분수처럼 뿜어져 나온다.

블로우홀에 거의 다 도착했을 때부터 갤러리들의 환호성이 들려왔다. 한껏 기대하고 바라본 블로우홀은 그 이상이었다. 생각보다 훨씬 큰 구멍에서 하얀 물기둥이 무섭게 솟구쳤다. 10초 내외의 주기로 파도가 밀려오면 갤러리들의 환호성이 이어졌다. 저물어 가는 해를 온몸으로 받은 물보라는 무지개까지 보여주었다.

윤정이는 신나는 놀이 하나를 만들었다. 물보라 치는 난간 앞까지 갔다가 블로우홀에 파도가 치면 소리를 지르며 도망가는 것이다. 낮게는 10m 내외이기도 하지만 높을 때는 40~50m도 넘게 물보라가 올라왔다. 한번은 거대하게 물기둥이 올라왔었는데 너무 놀라 뒤도 안 보고 도망치는 바람에 사진에 담지 못했다.

"엄마, 아빠 봤어? 혼자 도망가는 거?"

"크크크."

아빠라는 사람이 아이는 두고 제 혼자 도망치다니. 결국 더 가까이 있던 윤정이는 홀딱 젖었다. 날씨가 맑고 파도가 없는 날이면 블로우홀에 물보라가 올라오지 않는 경우도 있다. 오전엔 하늘은 푸르렀어도 바람이 거세게 불고 파도가 심해 완벽한 날씨는 아니라고 생각했었다. 하지만 블로우홀에서 우리에게 이런 풍경을 선사하려고 그랬나 보다. 청명한 하늘을 배경으로 마치 흰색 물감 칠이라도 하려는 듯한 블로우홀을 아주 오랫동안 기억할 듯싶다.

일곱 살의 하루

10월 24일 월요일

오늘은 구멍이 있는
바위에 가서 물보라
를 내 등에 맞았다.

"아! 웃겨 크크크."

"뭐가?"

"아까 아빠가 나 버리고 도망가는 거. 그림일기에 쓰니깐 또 생각나잖아."

"흑, 아깐 미안했어 윤정아. 아빠는 카메라를 들고 있어서 어쩔 수 없었어."

"뭐야? 나보다 카메라가 더 중요한 거야?"

"이크, 아니 그게 아니고……. "

“

전, 정규직이랍니다.
우리 친구들 보러 오셔서 감사합니다.

”

12

타롱가 동물원

내일이면 시드니의 모든 일정이 끝나고 다음 여행지인 멜버른으로 이동한다. 길 것 같았던 시드니에서의 시간이 훌쩍 지나가 버렸다. 아직 호주에서의 남은 날이 훨씬 더 많지만 시드니를 떠난다고 생각하니 뭔가 심란하고 긴장된다. 아침부터 짐을 싸려다가 그럼 오늘 하루를 그냥 보낼듯하여 가까운 타롱가 동물원Taronga Zoo에 잠시 들렀다.

입구에 들어서면서 동물 구경 좀 하나 싶었는데 저 멀리 놀이터 같은 것이 보였다. 갑자기 불안한 생각이 들어 다른 길로 돌아가려 했는데 이미 윤정이는 놀이터로 달려가고 있었다. 최대한 빨리 보고 돌아가서 짐을 싸야 하는데……. 마음이 급해진다. 그 어떤 동물보다도 아이들한테는 놀이터가 최고 인가 싶다. 동물원에 들어온 대부분 아이가 놀이터에서 시간을 보내고 있었다. 할 수 없이 나는 둘째 수정이만 데리고 동물원을 계속 돌아보고 아내는 윤정이를 돌보기로 했다.

30분 뒤 이산가족 상봉을 했다. 윤정이는 한 무리의 남자애들하고 놀고 있었다. 아는 영어라고는 기껏해야 50단어도 안 되면서 거리낌 없이 다가서는 윤정이의 모습이 대견하다.

"윤정아, 한참 동안 웃으며 얘기하던데. 오빠들하고 뭐라고 이야기한 거야?"

"아…… 그거……, 음…… 비밀!"

비밀로 하고 싶어서 그랬는지 아니면 알아들은 것이 없어서 그런지는 모르지만, 매사에 겁내지 않고 부딪혀 보는 자세 하나는 칭찬해 줄만 했다. 고작 몇 달 외국 여행하면서 아이의 영어 실력이 늘 것이라고는 생각하지도 않았다. 다만 외국인들을 대할 때 데면데면하지 않고 거리낌 없이 다가서길 바랐다. 아직은 여행 초반이지만 그거 하나는 확실하게 얻어갈 듯싶다.

이제 다시 동물들을 보려 했더니 코너를 돌자마자 또 놀이터가 나왔다. 이걸 고맙다고 해야 할지. 오늘 안에 이 동물원을 모두 볼 수 있을지 걱정이다. 다시 따뜻해진 날씨에 아이들은 훌렁훌렁 옷을 벗어 던지고 물에 가서 논다. 뒤처리부터 고민하는 우리와는 달리 아이가 하고자 하는 것은 자유롭게 놔두는 호주 부모들이 대단해 보였다.

동물원에 온 것인지 놀이터에 온 것인지 구별이 안 되는 오후를 보내고 숙소로 가야 할 시간이 되었다. 올해가 타롱가 동물원의 100주년이라는데 그래서 그런지 여기저기 공사 중인 곳이 많았다. 대충 봐도 3분의 1은 공사 중이거나 동물이 비어 있었다. 시드니 대표적인 동물원이라 기대를 했건만 타이밍이 별로였는지 만족할만하지는 않았다.

사실 지나고 보니 공사 중인 곳이 많아서 기분이 그랬던 것만은 아닌 것 같다. 날씨도 시드니의 마지막 하루를 기념이라도 해주듯 따뜻하고 청명했다. 이곳의 행복했던 기억을 뒤로하고 다시 다른 곳으로 떠나야 한다는 마음이 건성

건성 하루를 보내게 한 것 같다. 2주간 여행의 마무리도 이리 섭섭한데 육아휴직 동안 가족과 함께했던 여행이 모두 끝나는 시점은 어떨까?

일곱 살의 하루

10월 25일 화요일

동물원에서 본 고양이는 물고기를 잡는 고양이었다.

타룽가 동물원의 여러 동물 중에서 물고기를 잡는 고양이 피싱캣Fishing cat에 대한 설명이 가장 인상적이었나 보다. 거리에서 보던 고양이는 쓰레기통을 뒤지기도 하고, 집에서 키우는 고양이는 사료를 먹는다고 알고 있었는데 야생의 고양이, 그중에서 피싱캣은 물고기를 사냥한다는 것이 특이했나 보다.

호주살이
TIP

“ 호주에서 운전하기 ”

호주는 운전대와 차선이 우리와 반대라 많은 사람이 운전을 부담스러워한다. 나도 해보기 전에는 겁을 많이 먹었는데 막상 직접 해본 결과 운전대와 차선이 반대인 것은 크게 문제 되지 않았다. 라운드어바웃, 스쿨존, 신호체계 등 꼭 필요한 정보만 알아도 호주에서 운전하는 데 큰 어려움이 없을 것이다.

:: 운전면허

우리나라와 호주는 제네바 협약 가입국으로 국내운전면허가 있다면 별도의 호주 운전면허를 취득하지 않고도 간단히 국제운전면허를 발급받아 운전할 수 있다. 출국 전 가까운 운전면허 시험장에서 여권 사진과 같은 사진 1매와 신청서, 국내운전면허증과 여권을 제시하면 10분 이내 발급 받을 수 있다.

발급 수수료는 8,500원이며 유효기간은 1년이다. 국가에 따라 국제운전면허증만 있어도 되는 곳도 있지만, 국제운전면허증과 여권을 같이 요구하는 곳이 많기 때문에 같이 가지고 다니는 것이 좋다.

:: 운전대도 반대, 차선도 반대

호주는 우리나라와 운전대가 반대로 있다. 이것은 생각보다 금방 적응이 된다. 하지만 차선이 반대인 것은 시간이 조금 걸리고 항상 조심해야 하는 부분이다. 그래도 차선이 왼쪽이든 오른쪽이든 운전자 옆에 중앙선이 있다는 것만 기억하면 된다. 우리나라에서도 중앙선이 운전자 옆에 있듯 호주도 마찬가지로 운전자 옆에 중앙선이 있다. 아마 운전대만 반대고 차선은 같은 방향이었으면 더 헷갈렸을 듯하다. 다만 운전대만 반대로 있는 것이 아니라 좌우 깜빡이와 와이퍼도 서로 반대로 있다. 이건 머리보다는 몸이 기억하는 부분이라 상당히 애를 먹었다. 신호를 넣어야 하는데 와이퍼가 올라가는 실수는 한국으로 돌아올 때까지도 수시로 했다. 그래도 위험과는 상관없는 부분이라 웃고 넘기면 그만.

:: 교통신호

호주로 오기 전까지는 차선이 반대라 '좌회전은 바로 하고, 우회전은 신호 받고' 이렇게 계속 외웠다. 정확하게 말하면 틀렸다. 좌회전이든 우회전이든 모두 녹색 신호에서 움직여야 한다. 우리나라는 우회전은 신호를 받지 않지만, 반대인 호주에서는 좌회전도 신호를 봐야 한다. 직진이 빨간색이면 좌회전도 하면 안 된다. 즉, 직진이 녹색이면 좌·우회

전 모두 비보호 회전을 할 수 있다. 반대로 직진이 빨간색이면 좌·우회전 신호가 따로 있지 않은 한, 둘 다 해서는 안 된다.

:: 라운드어바웃Roundabout

신호가 없는 로터리다. 몇 달 동안 호주에서 운전하면서도 마지막까지 가장 적응이 잘 안 되었던 부분이다. 라운드어바웃 기본 룰은 차량 진입 후 시계방향으로 돌다가 원하는 방향에서 진출하면 된다좌·우측 깜빡이는 필수로 해야 한다. 먼저 진입한 차가 있으면 그 차가 나갈 때까지 들어가면 안 된다. 라운드어바웃이 2차선일 경우는 조금 더 복잡하다. 기본 룰은 비슷하고 2차선을 타고 우측에서 오는 차량이 없으면 1차선에 차량이 있어도 진입 가능한 점이 다르다. 2차선의 라운드어바웃은 진입 차선도 두 개 차선이다. 1차선은 좌회전이나 직진을 하는 경우만 진입해야 하고, 2차선은 직진과 우회전을 위해서만 진입해야 한다.

:: 스쿨존

학교 근처 속도를 제한하는 스쿨존은 우리나라와 달리 평소에는 일반 속도로 다니다가 아이들 등교 시간인 오전 7시부터 9시, 하교 시간인 오후 2시부터 4시까지는 표지판이 점등된다. 그 시간 동안은 시속 40km 이하로 다녀야

한다주말 제외. 스쿨존 과속에 엄청난 벌금을 부과하는 것으로 유명하니 어지간하면 아이들이 보이든 보이지 않든 속도를 줄여야 한다.

:: 유료주차

호주에서 길가에 주차할 경우 '미터'기로 주차비를 내고 영수증을 차량에 두어야 견인되지 않는다. 영수증에는 몇 시까지 주차할 수 있다는 시간이 나와 있다. 지폐를 넣을 수 있는 기계가 거의 없으므로 카드기가 없거나 승인이 안 날 때를 대비해서 동전을 차에 준비해 놓는 것이 좋다. 후지급이 아닌 선지급이라 주차를 얼마간 할지 잘 계산해야 한다.

종이 영수증이 나오지 않는 자동 방식도 있다. 각 주차 자리에 번호가 쓰여 있는데 미터기에 이 번호를 넣고 원하는 시간을 결제하면 된다.

:: 무료주차

도로가 표지판에 1P, 2P 이렇게 적혀 있는 곳은 해당 시간 동안 무료 주차가 된다는 뜻이다. 1P라 적혀 있는 곳이면 1시간이 무료라는 뜻이다1/2P는 30분 무료, 1/4P는 15분 무료. 표지판은 길가 기둥에 붙어 있는데 기둥이 기준이 된다. 참고 사진을 예로 보면 기둥을 기준으로 왼쪽은 15분 무료주차가 가능하고, 오른쪽은 최대 두 시간까지 유료METER로 사용할 수 있는데 평일 오전 9시부터 오후 5시까지만 그렇고 이외에는 무료라는 뜻이다.

:: 과속·신호 무인 단속

과속 단속을 한다는 표시를 한 곳 근처 또는 교차로에서 무인 카메라 과속 및 신호위반을 단속한다. 그런데 우리나라처럼 전방에서 찍는 것이 아니라 후방에서 찍도록 설치되어 있다. 뒤쪽에 있기 때문에 아무리 봐도 카메라 같은 것이 보이지 않는다. 초행 운전에 카메라까지 찾기는 상당히 어렵다. 워낙 벌금이 높은 편이니 그냥 법규를 잘 지키는 것이 상책이다.

고정식 말고도 이동식 카메라 단속도 한다. 승합차 뒷좌석에 카메라를 설치해 뒤 창문을 통해 단속

하는데 이건 더 찾기 어렵다. 그리고 운전 중 스마트폰 사용도 가끔 단속한다. 사복 또는 정복을 입은 경찰이 오토바이를 타고 다니다가 차 안을 힐끔힐끔 쳐다보는 경우가 있는데 스마트폰 사용을 단속하는 거다. 걸리면 이것 또한 벌금이 많이 나온다. 스마트폰 내비게이션을 쓰는 경우 꼭 길에 정차하고 조작해야 한다.

:: 음주단속

우리나라처럼 길을 막고 지나가는 모든 차량을 단속하지 않는다. 보통 두 명이 단속하면 두 대만 길가에 세우도록 한다. 그리고 정밀측정기를 사용하여 음주측정을 한다. 문제없으면 두 대를 보내고 다시 다음에 보이는 차량을 세워 단속을 시행한다. 그러니 단속을 하는 동안 나머지 차량은 그냥 지나치게 된다. 단속률은 낮겠지만 조금이라도 마셨으면 바로 나오게 되므로 입에 술을 댔으면 운전대를 잡지 않는 것이 좋다.

항목별로 쓰고 보니 점점 더 이해가 안 간다고?

대부분은 한번 읽고 막상 닥쳐보면 다 알게 되는 것들이고 이것만 새겨두자.

① 중앙선은 보조석이 아닌 운전석 쪽에 있다.

② 벌금이 높은 편이니 과속, 신호위반, 운전 중 스마트폰 사용, 음주운전은 절대 하지 않는다.

③ 직진이 빨간색이면 좌·우회전도 잠시 멈춰야 한다.

Australia

Melbourne 멜버른 02

“
캐리어의 방해가 있어도, 비행기가 연착되어도,
4달러어치 훼방이 있어도 우리는 다시 떠난다.
”

13

멜버른 in 시드니 out

시드니를 떠나는 날이다. 길 것만 같고 여유로울 것만 같았던 시드니에서의 2주가 빠르게 지나갔다.

"힝, 아쉽다. 여기 더 있고 싶은데……."

"아빠도 더 있고 싶긴 한데 여기서 더 시간을 보내면 새로운 곳에서의 시간이 줄어들어. 멜버른에 가면 진짜 펭귄을 만날 수 있데."

"오늘 가는 곳 이름이 멜버른이야? 여기서 멀어? 얼마나 걸려?"

"펭귄 이야기에 솔깃했구나. 비행기 타고 남쪽으로 1시간 반 가야 한데."

"와 멀다. 남쪽으로 가는 거면 더 따뜻해지는 거야?"

"아니야. 여기는 우리가 있던 한국과는 달라. 한국은 지구의 북반구에 있어서 남쪽으로 갈수록 더워지는데 호주는 반대편 남반구에 있어서 남쪽으로 갈수록 추워져. 아마 멜버른에 도착하면 알게 될 거야."

일곱 살. 지구를 머릿속에 그려 넣으며 이해하기에는 아직 어린가 보다. 지구과학 수업은 이 정도 하고 짐을 꾸려 공항으로 나섰다.

막 숙소를 나서는데 스마트폰에 알람이 울린다. 구글에서 오늘 비행시간이며 어디로 가야 하는지 길을 알려준다. 아마 Gmail로 받은 항공기에 대한 정보를 읽었나 보다. 사실 요즘 조금 무섭다. 구글이 내 사진을 골라 영화도 만들어주고 편집도 해준다. 위치를 파악해 집에 도착 예정 시간이나 막차 시간도 미리 알려준다. 외국에 나왔더니 내비게이션도 구글이 최고였다. 이러다가 영화 〈터미네이터〉의 '스카이넷'이 진짜 나와 버리는 것은 아닐지.

친절한 구글 님께서 멜버른으로 가는 비행기는 T2 터미널이라 했다. 차량 렌트가 대중화되어서인지 공항 모든 표지판에 'Rental Car Returns자동차 모양 위에 열쇠 문양이 있다'이라는 글귀가 있어 찾기는 어렵지 않았다. 호주 렌터카 업체는 직접 외관을 같이 확인하고 인수인계하지 않는다. 처음에도 키만 덜렁 전해 주더니 반납할 때도 키만 받아서 휙 가버린다. 만약 사람이 없으면 차를 주차하고 키는 부스에 넣어두면 된다. 사람이 없었을 경우는 혹시 나중을 위해서 반납할 때 차 외관 사진을 찍어 놓는 것이 좋다. 우리나라와 달리 호주는 차량을 반납했다고 끝나는 것이 아니다. 반납 후에 통행료와 혹시 발생한 벌금 그리고 나중에 발견된 하자를 일방적으로 보증금에서 빼버린다. 어떤 면에서는 편하기도 하고 어떤 면에서는 고객이 불리할 수도 있다.

한 2주 동안 별일 없이 잘 흘러간다 했더니 드디어 일이 터졌다. 차에서 짐을 내리는데 얼마 쓰지도 않은 캐리어 바퀴가 툭 하고 빠지는 게 아닌가. 짐이 많아서 공항에서 붙이는 가방 하나를 30킬로로 업그레이드하고 짐을 많이 넣은 것이 화근이었다. 브랜드를 너무 믿었나 보다. 아직 여행 초반인데 30킬로짜리 가방을 바퀴도 없이 들고 다닐 생각을 하니 눈앞이 깜깜해졌다. 일단 멜버른 숙소에서 드라이버라도 빌려서 해결하기로 하고 공항 안으로 향했다.

우리는 징크스가 하나 있다. 여행지로 갈 때는 비행기가 연착된 적이 한 번도 없었는데 돌아올 때는 연착이 안 된 적이 거의 없다. 기본이 30분 길게는 3~4시간을 넘긴 적도 여러 번 있다. 이번에는 잘 넘어가나 했는데 전광판에는 5분 연착이라더니 1시간이나 지나서 비행기가 떴다. 이놈의 비행기 징크스는 언제 깨지려나.

바퀴 빠진 30킬로짜리 짐이 하나 있어 멜버른 공항에 내리자마자 짐 카트부터 찾아다녔다. 그런데 이게 뭔가? 카트를 쓰려면 4달러약 4천 원를 내란다. 그동안 제법 여러 나라의 공항을 다녀봤지만 카트를 쓸 때 4달러나 내라고 하는 것이 이해가 되지 않았다. 그것도 카트 반납 시 돌려주는 보증금도 아닌 순수하게 사용료였다. 보통 같았으면 '흥.칫.피.퉤' 한번 날려주고 짐을 들고 나갔겠지만, 오늘은 바퀴 빠진 가방 덕에 그러지도 못한다. 바퀴 고장도 속상한데 4달러를 내라니.

"아빠, 어디가?"

"짐을 싣는 카트를 구해 볼게."

"저기 많네. 저거 쓰면 안 돼?"

"그건 돈을 내야 해."

"아빠, 돈 없어? 내가 줄까? 나 할아버지께 받은 돈 많잖아."

윽, 저 똥깡아지가 아빠 자존심을 건드네. 아내도 그냥 돈을 내고 뽑자고 하니 더 오기가 생긴다. 일단 구해 보겠다고 큰소리를 쳤는데 못 구하면 어쩌나 고민이다. 뭐 그럼 몰래 안 보는 곳에서 돈이라도 넣고 구하지 뭐. 그런 다음 그냥 구했노라고 거짓말이라도 칠 심산이었다. 겨우 4달러에 구겨진 아빠의 체면

을 살리려 일단 밖으로 나갔다.

아! 춥다. 분명 늦봄 날씨여야 하는데, 추적추적 비까지 내리고 있어서 더욱 한기가 드는 것 같다. 대륙이 크다 보니 도시 하나 차이인데 이렇게 날씨가 다르다. 하긴 호주는 워낙 커서 하나의 주를 하나의 나라라고 봐도 된다더니 진짜 그런 것 같다. 도시 분위기도 뭔가 다른 것이 마치 호주 아닌 다른 나라로 온 듯했다.

다행히 막 카트에서 짐을 빼는 사람이 있길래 써도 되냐고 했더니 쓰란다. 어깨 힘 팍 주고 들어가니 윤정이가 역시 우리 아빠라면서 '엄지 척'을 해준다. 나란 아빠는 딸내미의 칭찬을 먹고 산다.

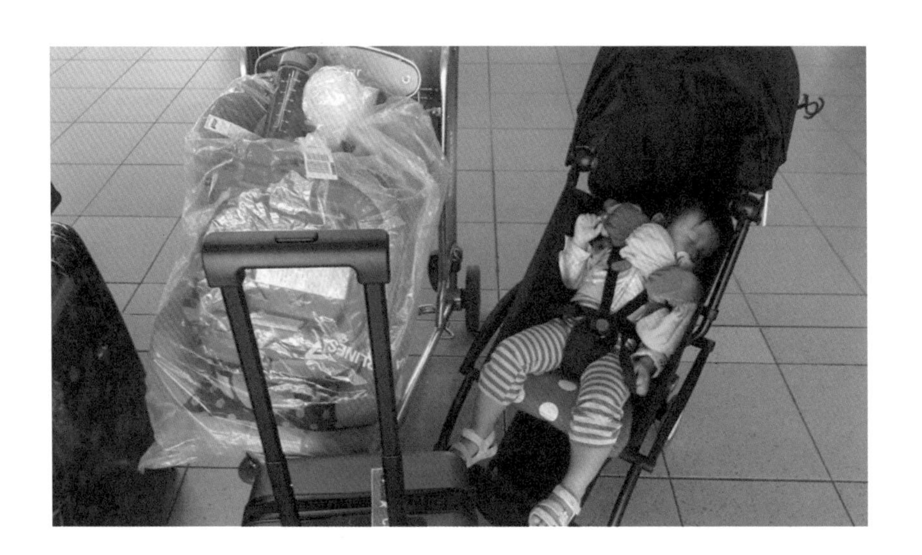

일곱 살의 하루

10월 26일 수요일

오늘 공항에서 도넛을 먹었다.
달콤했다.

"윤정아, 저 갈색은 뭐야? 튜브야? 오늘 수영 안 했는데?"

"이거 도넛이야. 갈색 도넛. 그렇게 안 보여?"

"뭔 도넛이 튜브만 하냐! 크크크."

아이들은 사물을 그릴 때 좋았던 것의 크기를 키운다. 대표적으로 가족 그림을 그리면 보통 엄마가 더 크다. 더 많은 시간을 보내니 당연하겠지. 호주 여행이 끝날 때쯤 그림 속 아빠의 크기가 어떨지 기대해 본다.

"

아빠 사랑해요.

내 작은 마음 다 드릴게요!

"

14

단데농 국립공원

멜버른에서의 첫 아침이 밝았다. 창을 열어보니 생각보다 싸늘했다. 비행기를 타고 남쪽으로 1시간 30분을 내려왔으니 우리로 치면 제주도에서 철원까지 올라간 정도다. 호주라는 한 나라를 여행할 계획이었고, 우리가 머무는 계절이 늦봄에서 초여름 사이라 우리도 그렇고 아이들 옷도 반 팔류만 챙겨왔다. 그런데 호주는 생각보다 땅덩어리가 컸다. 멜버른에 머무는 동안 아이들이 감기에 안 걸려야 할 텐데 하는 걱정을 한가득 안고 이곳에서의 하루를 시작했다.

새로운 곳에 왔으니 곳간부터 채워야지. 구글맵에서 가장 가까이 있는 콜스를 검색했다. 오늘따라 유난히 징징거리는 수정이 때문에 정신없이 장을 봤다. 카트에 담는 것마다 자기도 달라고 아우성이다. 윤정이가 두 살 때는 안 된다고 하면 가만히 있는 편이었는데 수정이는 안 된다고 하면 고래고래 소리를 지르고 드러누워 버린다. 한국 같았으면 들어주지 않겠지만 외국이라 눈치가 보여 어쩔 수가 없었다. 결국 빵이며 쿠키를 하나씩 뜯어 먹이며 겨우 장을 봤다.

"아빠, 오늘은 마트 다녀온 기로 끝이야? 어디 투어 안 나가?"

"아빠가 오늘 피곤한데…… 장도 보고 요리도 하고 설거지도 했잖아. 너도 나중에 아빠처럼 집안일 잘 도와주는 남자 만나야 할 텐데. 그렇지 여보?"

말해 놓고 보니 아차 싶었다. 아빠들이 많이 하는 착각, '그래도 나만큼 집안일 도와주는 남자는 없을걸?' 이라고 생색내는 것이다.

먼저 나만큼이라는 기준이 다분히 자기중심적이다. 아빠들끼리는 집안일을 얼마나 많이 하는지 서로서로 자랑하듯 이야기하지 않기 때문에 '나만큼'보다 더 하는 사람이 많은지 적은지는 사실 알 수가 없다. 그리고 정작 더 중요한 오류는 아빠들이 집안일을 '도움의 대상'으로 인식하는 것이다. 여자 남자가 부부가 되어 가정을 이루며 생기는 가사家事는 당연히 같이하는 것이 맞다. 물론 어느 한 사람이 일하러 가면 그 시간 동안 남은 사람이 집안일이나 육아를 혼자 하는 것은 당연하다. 하지만 퇴근 이후나 주말에 발생하는 일련의 가사와 육아

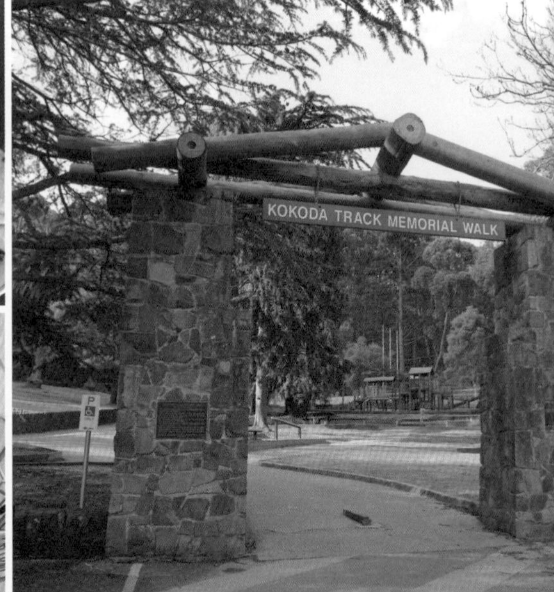

는 당연히 같이 나눠 하는 것이지 '당신이 할 일을 내가 너그럽게 도와주는 것이다'라고 인식하면 안 된다고 아내에게 침 튀기며 말하던 내가 '도와준다'는 표현을 하다니. 다행히 아내는 못 들었는지 못 들은 척하는지 모르겠지만 별다른 표정이 없다. 휴~

늦은 오후였지만, 이대로 하루를 보내면 윤정이가 아쉬워할 듯하여 멜버른 시내 근처에 있는 단데농 국립공원Dandenong Ranges National Park으로 산책하러 나갔다. 멜버른 도심과 가깝다는 것이 믿기지 않을 정도로 엄청난 크기의 나무와 고사리류가 원시림을 이루고 있었다. 시내에서 가까운 곳에 이런 거대한 국립공원을 가지고 있는 이들이 심하게 부러웠다. 여기는 특히 야생 동물과 조류가 많이 보인다고 하더니 놀이터에서 노는 내내 야생 앵무새들이 거리낌 없이 사람들에게 다가와 반겨 주었다.

공원에서 조금 더 위로 올라가 보기로 했다. 어디로 갈까 하다가 구글맵에 울리치 전망대Woolrich Lookout라는 곳이 보이기에 잠시 들렀다가 단데농 전망대에 가기로 했다. 울리치 전망대로 올라가는 길은 국립공원답게 정말 아름다웠다. 울창한 숲 사이로 오후 햇살이 숨바꼭질이라도 하려는 듯 보였다 안 보이기를 반복했다. 풍경을 좋아하는 우리 가족에게는 지나가다 들리는 전망대 하나하나가 소중하다. 조그만 정자에서 보니 단데농 국립공원이 한눈에 들어왔다. 곱게 깔린 잔디와 그 앞을 나무들이 줄지어 포근하게 감싸주고 있었다.

점점 해가 기울어지고 있어 마지막 코스로 단데농 전망대에 올랐다. 6달러의 주차비를 내고 도착한 정상은 생각보다 엄청나게 추웠다. 다행히 한국 돌아갈 때 입으려고 준비한 파카류를 챙겨오길 잘한 것 같다. 며칠 전까지 한여름같이

다녔는데 10월 말의 멜버른은 아직 봄이라 하기에는 너무 추웠다.

일몰까지는 좀 더 있어야 해서 우리는 우선 정상에 있는 카페에 들어갔다. 커피 한 잔에 4달러. 한국에 비하면 싼 편이다. 유명 관광지 카페에서 커피값이 한국보다 싸다니. 따뜻한 커피 한 잔에 얼었던 몸이 눈 녹듯 녹는 것 같다.

불현듯 머그잔을 잡은 윤정이의 새끼손가락에 눈이 갔다.

"윤정아, 아빠도 컵을 잡을 때 새끼손가락이 띄워지는데 윤정이도 그러네? 우리 닮았다. 그렇지?"

그 말에 윤정이는 눈이 등잔 만해지고 신이 나서 까불거린다. 육아휴직을 하고 부쩍 아빠와 커플 옷 입기, 옷 색깔 맞추기, 닮은꼴 찾아내기에 신나 한다. 어쩌다가 아내와 내가 옷을 맞춰 입었다가는 난리가 난다. 육아휴직을 하고 아이랑 같이 보내는 시간이 허투루 보내지는 않았던 것 같다.

일곱 살의 하루

10 월 27일 목요일

산에 올라가서 멋진 노을을 봤다. 정말 멋졌다.

입학을 앞둔 나이라 한글이 좀 늘었으면 하고 시작한 그림일기인데 한글보다는 그림이 더 빨리 느는 것 같다. 해가 지기 직전을 그린 그림이라고 하는데 지는 해의 붉은 모습과 짙어지는 하늘, 그리고 그 경계를 표현한 것이 딸바보 아빠에게는 놀라울 따름이다.

"

머릿속에 하늘을 담고 있는 저는

날지 못하는 새 에뮤랍니다!

"

15

필립 섬, 펭귄 퍼레이드

멜버른에서 이것만은 꼭 보고 와야지 하는 게 두 가지 있었다. 하나는 나의 바람이었던 그레이트 오션 로드Great Ocean Road에서 12사도Twelve Apostles를 보는 것이고, 또 하나는 아내의 꿈이었던 필립 섬에서 펭귄을 보는 것이었다. 두 가지 미션 중 하나를 완성하기 위해 필립 섬으로 향했다.

멜버른 시내에서 1시간 20분 정도를 달려 섬 입구에 도착했다. 필립 섬의 펭귄을 보는 시간은 해가 지고 1시간 동안이다. 오늘 일몰은 거의 8시가 다 된 시간이라 그전에 필립 섬 이곳저곳을 다녀보기로 했다.

먼저 도착한 코알라 컨저베이션 센터Koala Conservation Centre는 야생의 코알라를 좀더 가까이에서 관람할 수 있는 곳이다. 코알라는 24시간 중에서 20시간을 잔다던데 이날 우리는 자는 모습보다는 먹고 움직이는 모습을 많이 봤다.

"아빠! 저기, 저기 좀 봐!"

갑자기 자는 것 같던 코알라 한 마리가 일어나는 듯하더니 옆 가지로 훌쩍 점프하기도 하고 긴 나무다리를 따라 한참을 걷기도 했다. 흥분한 해설사는

잠꾸러기 코알라가 저렇게 걷는 모습을 보는 것은 아주 드물다고 우리에게 운이 좋다고 한다. 확실히 동물원보다는 코알라들이 활기차 보였다. 덕분에 아이들이 코알라의 작은 반응에도 소리를 질러 조용히 시키느라 애를 먹었다.

이어서 필립 섬의 가장 끝쪽에 있는 노비스 센터Nobbies Centre로 이동했다. 필립 섬 근처는 바다표범의 서식지라 산책로를 따라 걷다 보면 바다표범이나 바다사자를 볼 수 있다고 한다. 윤정이와 함께 네 개의 눈이 빠지도록 둘러봤지만 바다표범이나 바다사자는 보지 못했다. 하지만 해가 넘어가는 남극해를 지척에 두고 산책을 할 수 있다는 것만으로도 이곳을 방문할 충분한 이유가 되었다.

우리나라는 가을을 지나 겨울로 접어드는 지금 여기는 여름을 향해 달려가고 있다. 아직은 차가운 바닷바람 앞이지만 언덕에는 자그만 들꽃들이 피어나기 시작했다. 녹색의 언덕이 들꽃과 늦은 오후의 햇빛을 받아 점점 붉게 물들어 가고 있었다.

"바다표범 못 봐서 아쉽다."

괜찮다고는 하지만 윤정이의 실망한 표정이 영 마음에 걸렸다.

"그럼, 우리 펭귄 집이라도 보러 갈까?"

"어차피 퍼레이드 보러 가면 펭귄이랑 펭귄 집도 볼 수 있는 것 아냐?"

"응, 맞아. 그런데 거기서는 사진을 찍으면 안 된대. 하지만 여기 옆쪽 해변에 가면 펭귄들이 사는 집이 있다는데 가볼까?"

"응, 좋아."

노비스 센터 옆 코우리 비치 아래로 내려왔다. 정말 펭귄들의 집으로 보이는 곳이 군데군데 있었다.

"아빠, 이게 펭귄 집이야? 그런데 여기 하얀 자국은 뭐야? 새똥 같아."

"크크, 그건 펭귄 똥이야. 펭귄도 새와 같은 조류이거든. 펭귄 똥이 보이는 것 보니 펭귄 집이 맞는 것 같다."

"근데 왜 펭귄이 없어?"

"펭귄은 낮에는 먹이를 구하러 바다에 나갔다가 밤에 집으로 돌아오거든."

만약 펭귄이 새끼를 낳아서 키우는 계절이었다면 아마 집에서 부모를 기다리는 새끼 펭귄을 볼 수 있었겠지만 지금은 그런 시즌이 아니어서 빈집을 보는 것으로 만족해야 했다. 항상 동물원에 사는 펭귄만 보다가 이렇게 야생으로 살아가는 펭귄의 서식지를 본 윤정이는 적잖이 흥분한 듯 보였다. 이것저것 펭귄에 관해서 물어보는 것이 펭귄 퍼레이드를 보기 전 들러보기를 잘한 것 같았다.

드디어 오늘의 최종 목표인 펭귄 퍼레이드를 보기 위해 필립 아일랜드 자연공원Phillip Island Nature Park에 왔다. 입구부터 커다랗게 입장료가 붙어 있다. 가장 저렴한 일반 표는 가장 멀리서 바라보는 관중석에 앉게 된다. 보통의 현지 여행사를 통해서 오면 이 표를 받게 되고 '점'처럼 작게 움직이는 펭귄만 보고 가게 된다. 입장했다는 것 외 아무 의미가 없다. 그것을 보고 와서 펭귄 퍼레이드 별로였다는 사람이 많다. 최소한 펭귄 플러스 표를 끊는 것이 좋다. 펭귄 플러

스는 펭귄이 바다에서 돌아와서 집으로 가는 길목을 따라 앉아 있을 수 있어 가까운 거리에서 펭귄을 눈에 담을 수 있다.

오늘 우리가 볼 펭귄은 세상에서 가장 작은 페어리 펭귄Fairy Penguin이다. 다 자라봐야 30센티가 넘지 않을 정도로 작고 귀엽다. 큰 펭귄도 뒤뚱뒤뚱 걷는 모습이 귀여운데 세상에서 가장 작은 펭귄의 걷는 모습을 직접 볼 수 있다니.

펭귄 퍼레이드를 직접 볼 수 있는 곳은 세계에서 단 두 곳밖에 없다. 하나는 남아프리카공화국이고 나머지 하나가 여기 멜버른의 필립 섬이다. 우리가 아이들과 남아프리카공화국까지 가기는 힘들 것 같고, 펭귄 퍼레이드 보는 감동을 아이들과 함께할 유일한 기회가 오늘일 것 같다.

해가 졌다. 이제 곧 먹이를 구하러 나갔던 펭귄이 집으로 돌아올 시간이다.

"아빠, 그런데 왜 사진을 찍으면 안 되는 거야?"

"펭귄은 카메라의 플래시를 보게 되면 눈이 멀 수도 있데. 야생의 펭귄이 눈이 멀면 먹이를 못 잡아서 굶어 죽을 수도 있거든. 아 참! 그리고 조금 있다가 여기 옆으로 펭귄이 지나갈 텐데, 절대로 만지면 안 돼."

"그건 또 왜 그러는 거야?"

"펭귄은 냄새로 집이랑 가족을 찾거든. 그런데 사람 냄새가 묻으면 그 진한 냄새 때문에 집도, 가족도 찾을 수가 없데."

윤정이한테 소리치지 말고 절대로 만지지 말 것을 신신당부하고 자리를 잡고 앉았다. 잠시 뒤, 사람들의 숨죽인 듯한 속삭임과 손짓하는 것이 보였다. 드디어 한 무리의 페어리 펭귄이 바다에서 육지로 올라왔다. 바다에서는 물고기보다 빠르게 움직였겠지만 육지에서는 뒤뚱뒤뚱 한걸음 옮기기도 버거워 보였다. 힘들게 해변을 벗어나서는 바로 눈앞 언덕에서 털을 고르며 잠시 쉬는 듯했다. 털을 다 고른 펭귄은 잠시 두리번거리다가 한 마리가 움직이기 시작하면서 여덟에서 열 마리 정도로 무리를 지어 움직였다. 동물원이 아닌 아이들의 눈앞에서 야생의 펭귄이 집으로 돌아가는 퍼레이드를 직접 보다니.

뒤뚱거리는 모습은 사랑스러웠고 가끔 돌에 걸려 넘어지는 모습은 보는 이로 하여금 숨이 넘어가게 했다. 천방지축 윤정이도 이 순간만큼은 숨죽이고 펭귄들과 같이 호흡하고 함께 걸었다. 아직 여행 초반이지만 호주에 와서 가장 행복한 시간이었던 것 같다. 그동안 광활한 자연, 숲, 바다를 보며 느꼈던 감동보다 펭귄의 진짜 삶을 보는 것이 으뜸이었다.

하나둘씩 지나가던 펭귄은 어느새 수백 마리가 되었다. 바다에서 오는 길목은 이미 수백 아니 수천 마리의 펭귄에게 점령을 당했다. 물밀 듯이 밀려오는 펭귄을 정말 멍하니 넋 놓고 바라보았다.

"아빠, 그런데 펭귄들이 이상한 소리를 내는데?"

"그러네! 아빠가 한번 물어볼게."

지나가는 해설사를 붙잡고 물어보았다. 먼저 집을 찾아간 펭귄이 자기 짝을 부르는 소리이기도 하고, 힘들게 찾아온 집에서 기쁨을 표현하는 소리이기도 하단다. 삶과 죽음의 바다에서 치열하게 하루를 살다가 돌아온 기쁨이 얼마나 클지 우리는 짐작도 못 할 것이다. 바다에서 자기 짝과 손잡고 다닐 수는 없을 터. 혹시나 아직 돌아오지 않은 자기 짝에게 무슨 일이 있지 않을까 하고 서로를 부르는 소리에 걱정이 한가득 묻어 있는 듯했다.

귀여운 펭귄들의 즐거운 퇴근길을 함께 하고 밖으로 나온 우리는 또 하나의 선물을 받았다. 출발하기 전 차 밑을 꼭 확인하라는 경고문을 보며 설마 펭귄이 주차장까지 오나 싶었다. 그런데 차를 끌고 주차장을 빠져나가려는 순간 펭귄 한 마리가 뒤뚱뒤뚱 지나가고 있는 것이 아닌가. 아마 그 경고문을 보지 못했다면 얼핏 까마귀이겠거니 하고 지나쳤을지도 모른다. 플래시가 없는 DSLR을 얼른 꺼내 뒷모습을 카메라에 담았다. 어찌하다가 이렇게 먼 곳에 집을 지었는지는 모르겠지만 윤정이와 함께 인사를 했다. 오늘 하루 수고했다고, 우리에게 마지막 인사를 나눠줘서 고맙다고.

숙소로 돌아오는 차 안. 펭귄을 보며 받았던 감동에 쉽게 잠이 오지 않나 보다. 왜 밤에 집에 오는 것이며, 소리를 내는지, 무얼 먹고 사는지, 헤엄은 어떻게 치는지……. 궁금한 게 많은 아이는 쉽게 잠들지 못했다.

일곱 살의 하루

10월 28일 금요일

오	늘		펭	귄	이		펭	귄		
집	에		들	어	갔	다	.			

어제의 감동에 비해 초라한 그림일기다. 갈색 나무 펭귄 집 입구에 펭귄 알을 그리더니 일기에도 '펭귄 알이 귀여웠다'라고 써도 되냐고 물어보길래 일기는 하루를 정리하는 것이지 상상해서 쓰는 것이 아니라고 했다. 입을 삐쭉거리며 입구에 알을 검은색으로 칠해버렸다. 미운 일곱 살이라더니 요즘 아빠 인내심의 한계가 자꾸 낮아지고 있다.

“

프렌디가 되려면 아이가 좋아하는 애니메이션의
캐릭터 이름쯤은 줄줄 외울 수 있어야 한대요.

”

16

퍼핑 빌리

올빼미형 아빠와 아침형 엄마가 만나 생긴 아이는 누굴 더 닮았을까? 답은 '둘 다 닮는다' 이다. 그렇다면 엄마처럼 일찍 자고 아빠처럼 늦게 일어나면 좋으련만 우리 애들은 그렇지 못하다. 더 놀고 싶은 아이는 아빠가 안 잔다는 핑계로 놀다가 늦게 자고 엄마를 닮아 아침에는 일찍 일어난다. 하루에 취침 시간이 엄마 아빠보다 짧다. 거기에 여행까지 더해지니 체력 좋은 윤정이도 다크 서클이 입까지 내려왔다. 결국 어제 그림일기를 못 그리고 자는 바람에 아침이 되어서야 그렸다.

그런데 며칠 전부터 윤정이가 그림일기에 자꾸 상상력을 더해 이야기를 만들어낸다. 뭐 그냥 그림 그리는 것이면 모르겠지만, 하루를 정리하는 일기에 상상을 더하는 것은 아닌 듯하여 몇 번 이야기했는데 오늘도 상상의 나래를 펴고 있었다. 순간 반항하는 것으로 느껴져 결국 크게 화를 내고 말았다.

생각해 보면 그리 크게 화를 낼 일이 아니었는데, 아무래도 우리도 그렇고 아이들도 그렇고 그동안 누적된 피로가 예민하게 만든 것 같다. 피곤하기도 하고 답답하기도 하고 미안하기도 하고, 일단 더 쉬는 것이 좋을 것 같아서 아침도 미루고 다시 들어가서 누웠다.

잠시 눈을 붙였을까? 윤정이가 배가 아프단다. 어지간하면 아프다는 말을 안 하는데 제법 아픈듯하다. 어디가 아프냐고 하니 왼쪽 배가 꼭꼭 찌르는 것 같단다. 순간 별생각이 다 떠올랐다. 여행자 보험을 들어놓고 왔으니 병원에 가도 되긴 하지만 외국 의사를 만나는 것은 상상만 해도 속이 울렁거리는 것 같다. 또 각종 증명서를 제출해야 하는 보험 처리도 걱정이다. 열을 재보니 37.6도로 미열도 있다. 소파에 누이고 담요를 덮어주었다. 아침도 떠먹이고 TV도 틀어주며 시중을 들었다. 시중드는 것쯤이야 아이가 아픈 것에 비하면 대수랴. 아침에 괜한 것으로 화를 낸 것이 더 미안해진다.

순간 짚이는 것이 있어 혹시 응가를 했냐고 물어보니 어제부터 안 한 것 같단다. 아하! 이거 변비라서 똥배가 아픈 것 같다. 아이들 먹는 변비약을 챙겨 오길 잘한 것 같다. 약부터 먹이고 물을 충분히 마시게 했다.

죽을 먹이는 것이 좋을 것 같아서 채소와 고기 다진 것으로 죽도 끓여 먹였다. 점심시간이 지나서도 소식이 없다. 배는 점점 더 아프다고 하고 여러 번 화장실에 가서도 안 나온다고 한다. 이제는 정말 병원을 가야 하나. 혹시 가까운 곳에 한인이 운영하는 소아과가 있는지 검색하려는 찰나, 윤정이가 소리친다.

"아빠! 나왔어."

후다닥 달려가 보니 굵은 소시지 하나가 나와 있는 게 아닌가. 어찌나 반갑던지. 나중에 물어보니 엄마 아빠가 잠드는 바람에 배가 아파도 참았단다. 왜 참았냐고 물어보니 혼자 닦기 힘들어서라고. 그럼 왜 깨우지 않았냐고 하니 아침에 혼나서란다. 별거 아닌 걸로 혼낸 탓에 오전을 이렇게 그냥 보내고 말았다.

육아휴직하고 길게 여행을 다닐 수 있는 것은 무엇보다 아이들의 공이 크다. 윤정이는 태어나서 6개월부터였고, 수정이는 100일도 안 돼서부터 캠핑을 나갔다. 흙을 만지며 크는 아이가 잔병이 없다고 했다. 아이들이 아프지 않고 하루하루를 소화하고 있기에 가능한 것 같다.

윤정이 아픈 것은 해결되었으니 그냥 숙소에만 있을 수 없지. 급하게 가까운 여행지를 검색했다. 멜버른으로 와서 처음 다녀왔던 단데농 국립공원의 속살을 좀 더 편하면서도 분위기 있게 감상할 수 있는 증기기관차 퍼핑 빌리Puffing Billy가 있다고 해서 급히 숙소를 나섰다.

입장권을 끊고 들어가 객석에 자리를 잡았다. 인증사진 찍기에 여념이 없을 때 어디선가 녹색의 증기기관차가 와서 객차와 결합을 했다.

"아빠, 퍼시다 퍼시."

"엥? 푸쉬?"

"아니, 토마스와 친구들의 '퍼시' 말이야."

평소에 난 꽤 좋은 프렌디프렌드+대디, 친구 같은 아빠라고 자부했었는데 아직 윤정이가 좋아하는 애니메이션의 캐릭터 이름까지는 마스터 하지 못했다. 이러고서 뭔 프렌디라고 설쳤는지. 실제로 호주에서 가장 오래된 증기기관차인 퍼핑 빌리가 〈토마스와 친구들〉이라는 애니메이션의 모태가 되었다고 한다. 1900년대부터 달리기 시작한 퍼핑 빌리는 1953년 산사태로 그 선로가 막히면서 폐쇄되었다가 1962년 복구 후 지금의 관광 기차로 거듭나게 되었다.

퍼핑 빌리의 핵심은 달리는 객차 창가에 걸터앉아 단데농의 자연을 온몸으로 느끼는 것이다. 단 신발이 빠질 수 있으니 아이들 신발은 미리 벗기는 것이 좋다.

'뿌 뿌~~~'

흰색 증기를 한껏 내뿜는가 싶더니 기차가 천천히 출발하기 시작했다. 모두 창문으로 발을 내밀고 신나게 손을 흔들었다. 지금까지 타본 관광 열차와는 차원이 달랐다. 증기기관차라는 감성보다는 단데농의 원시림을 눈앞에서 편하게 감상할 수 있다는 것이 무척이나 멋졌다. 이따금 울리는 증기 소리와 '투닥 투닥' 선로 소리는 풍경에 더해지는 양념이 되었다. 곧게 뻗은 유칼립투스 나무는

그 끝이 어딘지 모를 정도로 높게 자랐고, 그 사이사이로 사람 키만 한 양치류 식물이 빼곡히 자리 잡고 있었다. 한껏 햇빛을 받은 양치류 잎의 연한 녹색이 이렇게 예쁜지 전에는 미처 알지 못했다.

한 30분 정도 지난 것 같았는데 시계를 보니 1시간이 훌쩍 지나 있었다. 아이들은 물론 어른인 나도 시간 가는 줄 모르고 즐겼던 것 같다. 기착지에서 잠시 시간이 주어졌다. 에메랄드 호수에서 산책도 하고 차 한잔하며 여유로운 시간을 보냈다.

출발 시각이 다 되어 역으로 돌아가려는데 후드득 비가 온다. 불과 한 시간 전 벨그레이브를 출발할 때는 따가울 정도로 햇빛이 강하더니 어느새 숲은 차분해지고 촉촉한 봄비가 내리기 시작했다. 호주 남단의 도시답게 멜버른은 시드니와 달리 아직 겨울 같은 봄이다. 해가 비치면 따뜻하지만, 그늘만 들어가도 서늘하다. 특히 부슬비가 내리기 시작한 숲의 봄바람은 더 쌀쌀했다.

일곱 살의 하루

10월 30일 일요일

오늘 기차를 타러갔
어요. 그런데 비가
왔어요. 그래서 비
를 맞고 차에 도착
했어요.

"이야~ 그동안의 일기 중에서 가장 길게 쓴 것 같은데? 근데 기왕이면 큰돈 들인 기차나 뭐 그런 것 그려주면 안 되냐?"

"……"

"

_제가 많이 컸나 봐요. 아빠하고 키가 같아졌어요.

_그럼 이제 하트를 완성할 수 있겠다!

"

17

라군 스트리트, 세인트 킬다

윤정이가 가장 좋아하는 음식 중 하나가 피자다. 입맛도 고급스럽게 이탈리아식 씬피자. 그중에서도 마르게리타를 제일 좋아한다. 멜버른에 유럽인이 정착하면서 라군Lygon 거리에 이탈리아 사람들이 자리 잡았다. 하나둘씩 들어선 정통 이탈리아 식당이 줄을 지어 호주 속의 작은 유럽을 만드는 곳. 길거리 카페 문화가 시작된 라군 거리에서 정통 이탈리안 피자를 먹어보기로 했다.

라군 스트리트에 주차를 하고 어디가 좋을지 거닐었다. 여기가 호주가 맞는지 의심이 들 정도로 유럽의 느낌이 강했다. 햇빛을 참 좋아하는 사람들이라 식당 안에 따뜻한 자리가 텅텅 비어 있는데 굳이 난로를 켜고 길거리에서 식사한다. 얼핏 밖에만 보고 안이 꽉 차서 밖으로 나온 줄 알았다. 어디를 갈까 하다가 라군거리에서 가장 오래된 피자집을 찾았다. 간판에 자랑스럽게 '호주에서 가장 먼저 오픈한 피자집'이라고 걸어 놓은 것이 눈에 띈다.

평일 점심시간이 조금 지난 때라 널찍하게 자리를 잡았다. 올리브와 새우가 올라간 피자와 파스타 하나를 시켰다. 카르보나라는 평소에 맛보지 못한 고소

한 치즈 맛이 일품이었다. 피자는 기대보단 무난했는데 윤정이가 "음~~ 음~~" 먹을 때마다 맛있다고 연신 표현을 해주니 성공한 듯.

오랜만에 시내를 나왔으니 오늘은 멜버른 도심을 둘러보기로 했다. 멜버른 시내를 이리저리 걸어 다니는데 낯익은 빌딩이 하나 보였다.

"짝꿍아, 여기 텔레비전에 나온 곳 아냐?"

"런닝맨에서 본 것 같은데?"

"아! 맞다. 송지효가 마카롱 사던 곳 맞지?"

이름이 로열 아케이드Royal Arcade라고 써진 빌딩으로 내부의 고풍스러운 분위기가 시드니에서 봤던 퀸 빅토리아 빌딩과 많이 닮았다. 멜버른 시내는 오래된 건축물과 최근에 지어진 현대식 건물들이 공존하는 곳이다. 어울리지 않은 듯 어울리는 빌딩의 세대교체. 무조건 부시고 다시 짓는 우리 '공구리' 문화에 비하면 역사는 짧지만 그 전통을 지키려는 호주인들이 더 뛰어나 보였다.

온종일 멜버른 시내를 다녔더니 윤정이가 다리 아프다고 짜증을 낸다. 하긴 어른도 다리가 아프고 여행하는 기분이 들지 않는데 아이들이야 오죽하랴. 물어보지 않아도 뻔하다. 역시 우리 가족은 도심이 아니라 자연에 있어서 빛을 발하나 보다. 답답한 속을 풀기 위해 가까운 포트 필립 베이Port Phillip Bay의 해안도로를 따라 달렸다. 한 10분을 달렸을까? 뒷좌석에서 비보가 들렸다.

"아빠, 수정이 잠들었어."

아 조금만 참지. 목적지가 바로 코 앞인데.

"그럼 그냥 갈까?"

"마음에도 없는 소리 한다. 윤정이랑 다녀와."

눈치 빠른 아내 덕분에 포트 필립 베이에서 가장 사랑받는 세인트 킬다Saint Kilda를 카메라에 담을 수 있었다. 세인트 킬다의 부두 길을 따라 걸으며 바라보는 석양은 최고였다. 붉어지는 석양과 짭조름한 바닷바람을 맞으니 윤정이 얼굴에도 화색이 돈다. 고개 숙이고 있던 해바라기가 고개를 들 듯, 역시 넌 도심보다는 자연이 더 어울려.

저 멀리 세인트 킬다의 명물 키오스크kiosk, 판매 부스, 가판점가 보인다. 1904년에 지어진 이 건물은 현지인들에게 많은 사랑을 받는 곳이다. 2003년에 불이 나서 전소되었을 때 마을 사람들은 가족을 잃은 것처럼 슬퍼했다고 한다. 다행히 2005년에 다시 지어져서 오늘 우리가 아름다운 석양과 함께 볼 수 있게 되었다. 한가로이 떠 있는 요트 뒤로 오늘 하루를 보냈던 멜버른 시내가 보인다. 온종일 흐렸다 맑기를 반복하며 간간이 비를 뿌리던 구름이 마지막에 이런 극적인 풍경을 선사했다.

세인트 킬다 끝까지 갔다가 돌아가려는데 흥미로운 표지판이 보였다. 펭귄이

살고 있으니 플래시를 터트리지 말라는 안내문이었다. 사람이 많이 다니는 이런 곳에 펭귄이 산다는 것이 믿기지 않았지만 데크를 따라 조금 더 들어가 보았다. 군데군데 사람들이 모여 숨죽이며 무언가를 보고 있길래 같이 들여다봤더니 정말 페어리 펭귄이 쉬고 있는 게 아닌가. 어쩌다가 부두까지 와서 쉬고 있는지 모르겠지만 동물원이 아닌 곳에서 얼굴 보여주는 것이 무척 감사했다.

윤정이가 초등학교 들어가기 전 마지막 시간을 호주에서 가족 여행으로 보낸다고 했을 때 주변에서는 곱지 않은 시선이 많았다. "요즘 초등학교엔 한글은 떼고 가야지", "수학은 안 해?", "그렇게 놀고 와서 학교에 적응하겠어?", "너희들 욕심 채우려 아이들 고생시키는 것 같다" 등. 뭐 틀린 말이 아닐 수도 있다. 하지만 우리 생각은 달랐다. 입학 전 2~3개월간의 수학 공부보다는 자연을 보여주고 싶었다. 좁은 한국에서만 경쟁하려 하지 말고 더 넓은 세상이 있다는 것을 보여주고 싶었다. 지구의 반대로 가면 계절이 반대가 되고 세면대의 물도 반대로 돌아 내려가는 것을 책이 아닌 눈으로 보여주고 싶었다. 누군가 "호

주에 오래 다녀왔으니 영어회화는 잘하겠네"라고 했다. 일곱 살짜리 아이가 단 몇 개월 호주로 여행하고 왔다고 해서 영어회화가 늘지 않는다. 그걸 바라지도 않았다. 하지만 아이와 부모 사이에 평생 잊지 못할 추억을 공유했다는 것만으로도 많은 것을 포기하고 떠난 여행은 충분히 가치가 있다.

일곱 살의 하루

10월 31 일 월 요일

오늘 노을 질 때
비가 와서 무지개가
해님처럼 떴다.

"와! 오늘은 부둣가에서 본 무지개를 그렸네?"

"응. 엄마가 수정이 보느라 차에 있어서 무지개를 못 봤잖아. 그래서 그렸지!"

"
11월에 만난 포도밭은 봄이었다.
이 봄을 너희들과 함께해서 아빠는 무척 행복하구나.
"

18

야라 벨리, 샹동 와이너리

멜버른의 북동쪽 단데농 산맥을 지나 만날 수 있는 야라 벨리Yarra Valley. 호주 4대 와인 산지로 30개가 넘는 와이너리가 자리 잡고 있다. 와인을 좋아하는 편이라 호주에 오면 한 번쯤 와이너리를 방문해 보고 싶었다. 여행사 투어가 아닌 자유 여행이라 야라 벨리에서 어떤 와이너리가 좋은지 정보가 없었다. 항상 그렇듯이 그 지역 인포메이션 센터를 먼저 찾았다. 그런데 이게 웬일인가. 7days를 4pm까지 운영한다고 되어 있는 인포메이션 센터가 오늘 문을 닫았다. 특별히 이유가 있는 것도 아닌데 내일 아침 10시나 되어야 연다고 한다. 다행히 외부 유리를 통해 안에 붙어 있는 지역 정보를 볼 수 있었다. 호주 와인 브랜드를 잘 모르기 때문에 이미 알고 있는 샹동 와이너리로 향했다.

와인을 좋아하는 사람이라면 한 번쯤은 접해 봤을 만한 와인 브랜드 '모엣 & 샹동'. 프랑스의 유명한 샴페인 브랜드인 모엣 샹동에서 1980년 호주 야라 벨리에 포도밭을 일구고 와이너리 이름을 '샹동 오스트레일리아'라고 지었다.

포도밭과 와인 공장만 상상하고 갔던 우리의 생각은 시작부터 깨졌다. 잘 가꾸어진 정원이 먼저 우리를 반겼다. 첫인상이 중요하다고 하던데 호주의 샹동은 첫인상부터 우리의 마음을 열어 놓았다.

공장 내부와 와인 만드는 과정은 전자 화면으로 보기 쉽게 설명되어 있었다. 집에서 맥주와 막걸리를 직접 만들어 먹었었기에 와인 제조 공정도 무척 흥미로웠다. 뜻밖에 윤정이가 와인 만드는 것에 관심이 있었다.

"아빠, 와인 공장인데 왜 와인을 안 만들어?"

"지금은 봄이라서 그래. 가을에 포도가 익으면 그걸로 와인을 만드는 거야."

"그래? 그럼 우리 가을에 다시 와서 와인 만드는 것 보자. 응? 응?"

아빠도 그러고 싶다만 언제까지 쉴 수는 없단다. 그리고 너도 이제 학교에 가야 하고.

공장 벽면에 붙어 있는 4계절에 따른 포도의 변화를 보여주는 사진에서 발걸음이 멈춰졌다. Sept9월 ~ Nov11월이 봄이구나. 다 알고 있는 사실이 새삼스럽다. 내부 전시관을 돌고 나가서 만날 포도밭은 봄이겠구나. 이 봄을 너희들과 함께해서 아빠는 무척 행복하구나.

주변에서 느꼈던 아빠들의 문제. 의미 없이 회식을 만들고 저녁을 먹고 간다. 물론 대다수 아빠는 살아남기 위해 밤이고 낮이고 일에 치여 살지만 그렇지 않고 그런 척만 하는 경우도 많이 봤다. 회사는 휴가가 있지만 육아는 휴가가 없다. 회사에는 창립기념일도, 노동절과 같은 휴일도 있지만 육아는 쉬는 날이 없다. 일에는 주말이라도 있지만 육아는 평일이나 주말이나 다름이 없다. 평일에 힘들게 일했으니 주말이라도 하고 싶은 낚시나 텔레비전을 보면서 쉬겠다고 아빠는 말한다. 그럼 엄마는?

이렇게 육아의 중요한 시간을 아빠가 피하게 되면 지녀와 애착 관계가 온전하게 맺어지지 못하게 된다. 아이는 점점 커감에 따라 오히려 아빠를 어색해한다. 어쩌다 아빠가 일찍 들어온 날이나 간혹 집에 있게 되면 아이들은 불편해하고 자기 방에서 나오질 못한다. 아이만 그럴까? 아니다. 아내도 마찬가지. 평소와 달리 밥 차리는 것도 귀찮아지고 '저 인간 어디 안 나가나……' 하고 남편이 외출하길 바라게 된다.

드디어 만난 포도밭. 수확기의 포도밭이 아니라 볼 것이 있을까 싶었는데 봄을 맞은 포도나무는 연녹색의 포도 잎을 하늘로 높이 뻗어 올리고 있었다. 잎 사이사이로 보이는 포도 꽃송이가 멜버른에도 봄이 왔음을 온몸으로 알리고 있었다. 아무래도 엄마 아빠 취향의 와이너리 투어라 심심해하던 아이들은 녹색의 잔디를 보자마자 뛰어다니기 시작했다. 파릇파릇한 자연 속에 뛰어노는 아이들에게 미안하기도 하고 건강하게 잘 버텨주고 있는 것이 감사하기도 했다.

“

_윤정아, 오늘 차 오래 타서 힘들었지?

_조금. 그렇지만 아빠가 꼭 보고 싶은 거라고 해서 참을 수 있었어.

”

19

그레이트 오션 로드, 12사도

육아휴직을 하고 호주로 여행지를 결정했을 때 멜버른은 계획에 없었다. 시드니에서 골드코스트로 바로 넘어가려 했다. 그런데 시드니에서 1주일 정도 지났을 때였을까? 언제 또 호주를 오겠느냐 하는 생각이 들면서 즉흥적으로 멜버른에서 열흘 정도 머물기로 했다. 결정적인 이유가 필립 아일랜드에서 펭귄을 보는 것이었고, 또 하나가 그레이드 오션 로드에서 12사도를 보기 위해서였다.

필립 아일랜드는 초반에 성공적으로 다녀왔고 나머지 그레이트 오션 로드를 좋은 날씨에 가려고 벼르고 별렀다. 근데 스마트폰의 일기예보가 바로 다음 날도 정확하게 예측하지 못했다. 흐릴 거라던 날씨는 오전만 잠시 흐렸다가 오후에 맑아지기를 반복하고 온다는 비는 거의 오지 않았다. 지나고 보니 초반에 날씨가 좋았던 것인데 일기예보만 믿고 그레이트 오션 로드 투어를 미뤄 둔 것이 실수였다. 중반을 넘고 나서는 오히려 날씨가 좋아질 기미 없이 매일 구름으로 그득했다. 게다가 11월 멜버른의 봄바람은 이방인에게 매섭고 차가웠다. 이제 떠날 날이 이틀밖에 남지 않아 날씨와 상관없이 오늘은 그레이드 오션 로드에

갈 수밖에 없었다. 아침에 일어나니 구름이 잔뜩 끼어 있다. 어쩌겠는가, 그동안 너무 뜸을 들인 것을.

숙소에서 2시간가량 달려 메모리얼 아크Memorial Arch에 잠시 차를 멈추었다. 총 길이 240km가 넘는 그레이트 오션 로드의 실제 표지판 상 도로 번호는 B100이다. 멜버른 옆에 있는 질롱GeeLong이라는 도시에서 시작된 B100번 도로는 토키Torquay를 지나면서부터 그레이트 오션 로드로 불린다. 토키 지역을 지나면서도 어디서부터가 그레이트 오션 로드인지 구별이 안 되는데 여기 메모리얼 아크가 그레이트 오션 로드에 들어섰음을 알려주는 시작점 같은 곳이다.

메모리얼 아크에 보면 동상이 있는데, 이 동상은 그레이트 오션 로드를 만든 건설 노동자를 기리는 것이라고 한다. 제1차 세계대전이 끝나고 퇴역 군인들에게 일자리를 주기 위해 시작된 해안도로는 이제 호주에서 대표하는 관광 자원이 되었다.

메모리얼 아크에서 30분을 달려 론Lorne이라는 작은 도시의 인포메이션에 들렀다. 멜버른에서 출발한 지 2시간이 훌쩍 지났기에 차 타느라 고생한 아이들의 몸도 풀 겸 여행정보를 얻기 위해서 였다. 쭈뼛쭈뼛한 우리에게 나이 지긋한 안내원이 먼저 인사를 건네며 다가와 주었다. 그분의 친절하고도 상세한 설명이 10분이나 이어졌다. 무척 감사해서 뭐라도 드리고 싶은 심정이었다. 막연하게 12사도만 생각하고 출발한 여행이었는데 덕분에 하루 일정이 쉽게 짜졌다.

아침 일찍 출발해서 그런지 수정이가 배가 고팠나 보다. 슬슬 짜증을 내며 몸을 비비 꼬기 시작한다. 배고픈 수정이는 아무도 못 말린다. 미리 챙겨 먹이는 수밖에. 이대로 계속 갔다가는 사단이 날 듯하여 케넷 리버Kennett River에 있는 가게에 들렀다.

"아빠, 저기 사람들이 모여 있는데?"

간단하게 간식거리를 사고 점원에게 저쪽에 사람들이 모여 있는 이유를 물어보았는데 코알라를 보려고 모인 것이란다. 어디 숲속이라도 들어가야 볼 수 있는 줄 알았는데 도로 옆 나무에 코알라가 있다니……. 가게에서 나와 사람들 사이로 슬며시 끼어들었다.

야생 앵무새들은 사람들 사이를 날아다니며 먹이를 먹고, 야트막한 나무에는 코알라가 잠을 자고 있었다. 호주의 명물인 예쁜 앵무새들은 이미 이런 상황이 익숙한지 사람들의 손이며 어깨에 서슴지 않고 앉아 먹이를 먹는다. 한국에서는 앵무새 밥 한번 주려고 비싼 돈 내고 앵무새 학교에 가보곤 했는데, 여기서는 길거리에서 흔히 벌어지는 광경이라고 한다. 주변 사람이 나누어 준 먹이를 손에 올리기가 무섭게 착 와서 앉는다. 부리와 혀로 껍질을 까먹는 모습이 신통방통하다.

“꺄~”

“아빠, 앵무새가 물 것 같아. 아빠, 나도 나도 내 손에도 새 오게 해줘.”

아이들이 무척 신나 해서 시간 가는 줄도 몰랐다. 아직 갈 길이 구만리인데 더 있다가는 해가 질 듯하여 달래고 달래 겨우 차에 올랐다.

구름이 가렸을 때 바다는 도로를 집어삼킬 듯 짙은 회색의 파도를 몰아치다가도 잠시라도 하늘이 열리면 언제 그랬냐는 듯 푸른 얼굴로 환하게 웃어준다. 80km 속도의 도로는 본격적으로 S자를 그리기 시작한다. 굽어지는 곳마다 제한 속도가 내려갔다 올라갔다를 반복했다. 제한 속도가 낮은 곳이면 여지없이 이어지는 절경에 자연스레 속도를 늦출 수밖에 없었다. 푸른 바다의 시원함과

도로와 함께 달리는 초록 언덕 자락이 조화롭게 버무려진다. 긴 시간을 달려야 하지만 결코 멀게 느껴지지 않는 마법의 길이었다. 풍경이 부리는 마법에 야생의 날것까지 더해진다. 길을 가다가 보면 코알라가 길을 막기도 하고 왈라비가 무심하게 쳐다보기도 한다.

길은 어느새 그레이트 오트웨이Great Otway 국립공원으로 접어들었다. 방금까지도 끝이 없을 듯 이어지던 푸른 바닷길은 녹음이 짙은 원시림으로 바뀌었다. 그레이트 오션 로드라 해서 바다만 따라 달리는 줄 알았더니 아폴로 베이Apollo Bay에서 12사도가 있는 포트캠벨Port Campbell 국립공원까지는 대부분 숲길이었다. 그런데 숲길에서 예기치 않은 복병을 만났다. 땅덩어리가 커서 그런지 평소에도 도심을 벗어나면 스마트폰 3G가 안 되는 경우가 종종 있었는데 오트웨이 국립공원을 지날 때는 스마트폰 신호가 거의 잡히지 않았다. 스마트폰에 데이터 통신이 안 되니 구글맵도 전지전능한 힘을 잃었다. 백업으로 준비했던 오프라인 지도 앱마저도 GPS 신호를 못 잡는다. 게다가 기름도 간당간당했다. 총체적 난국이 숲과 함께 찾아왔다.

B100 표지만 따라가면 될 거라고 생각했지만, 안내 표지판도 넓디넓은 길에 가뭄에 콩 나듯 보인다. 당최 맞게 가고 있는 것인지 알 수가 없으니 마음은 점점 불안해진다. 야생 동물을 조심하라는 표지판만 군데군데 보이고 여행자를 위한 도로 표지판 설치에는 인색한 것 같다. 그렇다고 당황한 모습을 보일 수는 없다. 나는 아이들 앞에서 완벽하고 싶은 아빠니깐.

그렇게 한 2~3시간은 지난 것처럼 느껴졌는데 시계를 보니 딱 30분 지났나 보다. 태연한 척도 이제는 더 못하겠고 어디 사람이라도 있으면 물어봐야지 할 때쯤 레이버스 힐Lavers Hill이라는 갈림길에서 오랜만에 표지판을 만났다. 그레이트 오션 로드로 가려면 왼쪽으로 가라고 알려준다. 맞게 온 것 같다. 근처 휴게소에 설치된 간이 주유기도 있어 고생한 차도 배를 채워 주었다.

아침 9시에 출발해서 거의 5시간 이상을 운전한 것 같다. 만약 고속도로를 통해 12사도가 있는 포트캠벨 국립공원으로 바로 왔다면 3시간도 안 걸릴 거리이지만 그레이트 오션 로드는 조금은 돌면서 느릿느릿 감상하며 가는 것이 맞다.

12사도 비지터 센터에 주차를 했다. 마음은 이미 바다에 가버렸다. 준비하는데 시간이 더 걸리는 둘째는 엄마한테 떠맡기고 윤정이 손을 잡고 뛰기 시작했다.

'휴~~, 아~~'

무슨 말이 필요하랴. 얼마나 보고 싶었던 장면이던가. 바다가 만들어낸 풍경에 취해 우리 가족은 대화도 잊고 넋을 잃고 한참을 바라보았다. 시선을 어디에다가 두어야 할지 판단이 서질 않을 정도였다. 2만 년의 시간이 켜켜이 쌓여 있는 석회암을 깎아낸 바다. 오늘도 쉬지 않고 바위를 조각하고 있었다. 파도에 깎이고 깎이며 네 개는 이미 바다에 누워 쉬는 것을 선택했다. 열두 개였던 바위는 이제 여덟 개밖에 남지 않았다. 시간이 지나면 지금과도 또 다른 그림이 그려져 있을 것이다.

이 숨 막히는 풍경을 사진에 완벽하게 담아내지 못하는 내 실력도 아쉽고 푸른 하늘을 내어주지 않는 자연도 아쉬웠다. 저녁 늦게까지 기다렸지만 구름은 더욱 짙어지고 아쉬움을 남긴 채 발길을 돌렸다. 내일은 날씨가 좋다고 하는데 근처 숙소를 알아보고 하루를 더 보낼 것인지 고민을 했다. 욕심 같아서는 하루 더 있고 싶었지만 아이들에게 너무 미안했다.

"윤정아, 오늘 차 오래 타서 힘들었지?"

"음…… 쪼금. 헤헤. 그렇지만 오늘은 아빠가 꼭 보고 싶은 거라 해서 참을 수 있었어."

숙소로 돌아오는 길에 고단한 아이들은 잠이 들었다. 길도 차 안도 조용해진 밤. 운전하면서 많은 생각을 했다. 처음 의도와는 달리 어른들의 욕심으로

만 여행을 채우고 있는 것이 아닌가 하는 미안함이 든다. 가족 모두가 만족하는 하루를 보내기가 쉽지만은 않은 것 같다. 이제 곧 따뜻한 북쪽 도시 골드코스트로 간다. 잠시 숨을 돌리고 아이들 눈높이에 맞춰줘야 할 것 같다.

일곱 살의 하루

11월 2일 수 요일

오늘 새에게 먹이를
주었다. 간지러웠다.

"나뭇가지에 꽃이 핀 거야?"

"아니, 아빠 손이잖아. 손에 먹이 올리고 있는 거."

호주살이
TIP

“ 대형 마트 vs. 쇼핑센터 ”

단기간이든 장기간이든 필요한 물품이 어디에 가야 있고, 어디가 싼지 알아야 여행 경비도 줄일 수 있다. 호주에 머물면서 이곳저곳 다녀본 대형 마트와 쇼핑센터의 장단점을 정리했다.

:: 알디

호주 대형 마트 브랜드 중에서 상품의 가격이 가장 저렴하다. 종류는 많지 않아도 뭐 있을 것은 다 있다. 미니 코스트코라 생각하면 이해가 쉽다. 입구에 가방을 확인할 수 있다는 경고문이 붙어 있다. 동양인이라면 가끔 가방 검사를 하자고 한다. 기분은 조금 상할 때도 있지만 생활비 절감에 많은 도움을 주는 곳이라 자주 갔다.

:: 콜스

골드코스트에는 많이 보이지 않았지만, 시드니와 멜버른에서는 독보적으로 지점이 많았다. 가격은 알디에 비해 저렴하진 않지만 상품 종류가 많고, 무엇보다 주차가 어느 정도 지원이 돼서 골드코스트로 오기 전 주력 마트였다.

:: 울월스

울월스는 콜스와 비슷한 대형마트로 가격과 상품 종류도 거의 비슷한데, 특별한 점은 아이들을 위한 무료 과일을 항상 제공한다. 이 땅의 아이들이 굶지 않고 건강해야 한다는 취지라고 하는데, 덕분에 아이들이 있는 우리도 자주 이용했던 마트였다.

:: 케이마트

공산품 할인 마트의 대표 주자 케이마트. 일반적인 전자 제품 판매소에서 선풍기가 70불 정도 하는데 여기는 단돈 15불. 가격 차이가 이 정도이다. 다만 품질도 딱 그 가격 정도만 하는 것 같다. 단기간 머물 여행객에게는 오아시스와 같은 곳이다. 비슷한 공산품 마트로 '타깃'이라는 곳도 있다.

:: 댄머피

주류 마트이다. 호주의 생필품 마트에서는 주류를 팔지 못한다. 대신 곳곳에 있는 보틀숍bottle shop이나 리쿼스토어에서 살 수 있다. 댄머피는 알코올계의 대형 마트로 그 종류가 압도적으로 많다. 또한 가격도 소형 보틀 숍에 비해 엄청 싸다.

:: 하비 노만

우리나라 하이마트와 같은 전자제품 할인점이다. 전자제품과 가구, 정원용품도 같이 판다. 우리나라와 전압과 Hz가 달라 전자제품을 구매해 가져올 일은 별로 없겠다.

:: 버닝스

쉽게 말해 대형 철물점 같은 마트다. 호주는 인건비가 비싸 집이나 차량 유지 보수를 직접 하는 경우가 많은데 각종 공구 및 철물류가 엄청나게 많다. 정원, 바비큐 용품부터 목제까지 없는 것이 없을 정도다.

:: 아나콘다

호주의 대표적인 아웃도어 상품을 판매하는 전문점이다. 캠핑이나 낚시용품은 물론이고 카약과 카누용품, 수영용품 등 호주인이 즐기는 모든 아웃도어 관련 용품이 전시되어 있다. 비슷한 아웃도어 편집숍 브랜드로 BCFBoating Camping Fishing의 약자다도 있다.

Australia

Gold Coast 골드코스트 *03*

_다음은 어디로 갈까?
_전 모래 놀이를 실컷 할 수 있는 곳이요.
_그럼 금빛 모래가 지천인 골드코스트로 가자.

20

골드코스트 in 멜버른 out

“아빠, 오늘은 우리 어디가?”

“응? 오늘? 글쎄…… 지도 보면서 우리 어디 갈지 정해 보자.”

우리의 여행은 급작스럽게 이루어지는 것이 많다. 모든 여행이 미리 계획하고 준비하면 좋겠지만 그렇지 않은 경우가 오히려 더 만족감을 줄 때가 있다. 반대로 정보 부족으로 중요한 포인트를 놓치고 나중에 후회하는 경우가 생기기도 한다. 멜버른도 계획에는 없다가 즉흥적으로 결정했다. 지나고 보니 이래저래 아쉬움이 많이 남는 도시다. 그레이트 오션 로드에서 하루 더 묵으면서 다음날 날씨가 좋을 때 더 볼 걸 하는 후회를 하다가도, 아이들보다는 우리 위주였으니 돌아오길 잘했다는 생각이 들기도 한다. 세인트 킬다에서도 늦은 밤이면 야생의 펭귄을 만날 수 있음을 미리 알았더라면 몇 번을 가더라도 봤을 텐데 떠나기 전날 정보를 알게 되어 놓치고 말았다.

멜버른 다음 여정인 골드코스트에서는 제법 긴 기간을 머물 예정이다. 골드

코스트에 머물며 시간을 내서 케언스Cairns를 다녀올 계획인데 차라리 시드니에서 케언스를 먼저 가고 나중에 멜버른을 갔어야 했다. 멜버른의 봄은 우리가 생각했던 것보다 추웠고 바람은 거셌다. 하나의 나라라고만 생각했지 한 도시 한 도시가 이렇게 멀고 온도 차가 심할 거라는 예상은 미처 하지 못했다.

그렇다고 멜버른이 좋지 않았다는 것은 절대 아니다. 필립 아일랜드의 페어리 펭귄을 보며 우리 가족은 다시 한 번 가족이 함께한 것을 감사했다. 그레이트 오션 로드를 가던 날, 아빠 엄마가 보고 싶은 것을 보러 간다는 말 한마디에 아이들은 그 먼 시간도 불평 없이 다녀와 주었다. 행복했고 고마웠다. 퍼핑빌리와 야라 밸리, 단데농 투어도 기대 이상으로 즐거웠다.

아쉬움은 숙소에 남겨 놓고 다음 목적지인 골드코스트에 가기 위해 공항으로 나섰다. 멜버른 공항만 찍고 가면 시드니국제공항처럼 렌터카 반납 안내 표지판이 있을 것 같았다. 멜버른 공항은 T1~T4까지 있는데 T4가 국내선 전용이다. 골드코스트로 가야 하는 우리는 T4로 내비게이션을 찍었다. T4 주차장까지

어찌어찌 찾아왔는데 렌터카 반납 표지판이 보이지 않았다. 비행기 시간은 다가오는데 아무리 돌아봐도 안내 표지판이 없다. 다행히 주차장 고객센터가 보여서 아내를 보냈다. 마음이 급한 아내가 고객센터 담당한테 이렇게 물어봤다.

"May I help you?"

응? 몹시 급했나 보다. 크크. 우리가 당황한 걸 문장 하나로 이해한 안내원이 친절하면서도 반복하여 길을 알려주었고 이후에는 잘 찾아왔다. 국내선을 주로 타는 사람이 차량 렌트를 하는 경우가 없어서 그런지 주차장 타워만 크고 렌터카 반납은 T1~T3까지의 국제선 방향에 있었다.

멜버른에서 약 2시간을 비행하여 드디어 골드코스트 공항에 도착했다. 멜버른은 긴소매와 긴바지도 모자라 점퍼까지 입고 다녔는데 골드코스트에 내리는 순간 마치 동남아에 온 듯 공기가 후끈했다. 하긴 우리나라로 따지면 서울에서

오키나와 정도 내려온 기리니깐.

골드코스트에서 머물 친구 집에 도착했다. 육아휴직을 하고 호주로 육아 여행을 오게 된 이유에는 계절적인 것도 있었지만 바로 이곳 골드코스트에 친구 가족이 있기 때문이었다. 한국에서도 한 달에 한 번 이상은 같이 캠핑을 다녔고, 1년 차이긴 하지만 결혼기념일도 같은 친구 가족. 윤정이와 준혁이친구 아들 생일도 1주일 차이로 장단이 잘 맞다 보니 최근 가장 친하게 지냈던 가족이었다. 그 가족이 올해 초 호주로 이민을 떠났다.

한 2년 이민을 준비할 때는 실감이 나질 않다가 막상 떠나고 나니 주말이 매우 허전했다. 언제나 전화 한 통이면 어디든지 달려오던 가족. 좁디좁은 카라반에서 3+4명이 뒹굴뒹굴하던 기억이 아직 선명한데 이제는 비행기로 10시간을 날아와야 만날 수 있는 곳에 있다.

한국을 떠나던 즈음. 마지막 커피 한 잔을 함께 마시며 이제 언제 보려나 했었다. 성별은 다르지만 마치 X알 친구처럼 지내던 아이들은 실감이 나지 않는지 웃고 떠들고 난리였다. 분명 떠나고 나면 서로 찾고 물어볼 텐데. 영영 못 볼 거리는 아니지만, 지금처럼 보고 싶을 때 쉽게 볼 수 있는 거리는 아니다. 멀어진 거리만큼 두 가족의 마음의 거리도 멀어질까 두려웠다. 윤정이는 준혁이가 호주로 떠난 이후에도 남자친구가 있냐는 물음에 꼭 "전준혁이요" 라고 대답을 했었다. 윤정이가 세계지도와 지구본에 관심을 가지던 시기도 이때부터였다.

이민 초반이야 어찌 사는지 물어보는 것으로도 화젯거리가 되겠지만, 시간이 지나면 점점 공통 화제가 떨어지고 시들해질 수도 있다. 떠난 친구 가족은 우리가 사는 모습을 알고 있으니 일상을 이야기하면 조금은 상상이 되고 이해가 되겠지만, 우리는 친구 가족이 어떻게 사는지 알 수가 없었다. 그래서 어찌 사는지 보러 왔다. 어떤 모습으로 지내고 있는지, 무엇을 먹으며 어떤 일상을 보내고 있는지, 먼 타국에서 어떻게 외로움을 이겨내는지. 그러고 나면 나중에 다시 각자의 세상으로 돌아가더라도 사진 한 장이나 전화 한 통화로도 금방 서로의 일상을 공유하고 공감하고 멀어진 거리를 좁힐 수 있을 것 같았다.

주변 사람들에게는 여행 경비를 줄이려는 목적에서 친구 집에 머문다 했지만, 여행 경비를 줄이기는 쉽다. 여행 일정을 줄이면 그만이다. 한 1~2주 바짝 둘러보면 골드코스트 주요 관광지는 다 볼 수 있다. 하지만 우리는 느긋하게 일상을 공유하러 왔다. 친구는 고맙게도 우리가 묵을 방도 내어주고 차도 쓰라고 했다. 차는 친구 출퇴근을 내가 해주고 나머지 시간에는 우리가 마음껏 쓰도록 배려해 준 것이다.

짐을 풀고 창문을 내다보는데 마치 호텔 수영장 같은 시설이 눈에 들어왔다. 골드코스트 맨션 단지에는 공영 수영장이 많이 있다고 한다. 다행히 친구 가족

이 사는 집도 이런 공용 수영장을 공짜로 이용할 수가 있다. 아이들과 함께 여행한다면서 이리저리 우리가 가고 싶은 곳으로 힘들게 끌고 다녔던 것 같은데, 이제 약속대로 한동안은 온종일 수영장과 놀이터를 오가면서 아이들만의 시간을 줄 수 있을 것 같다.

시드니와 멜버른도 서로 다른 나라처럼 느껴지더니 여기 골드코스트도 또 다른 나라에 있는 것 같은 느낌이 든다. 마치 동남아 휴양지에 온 것 같은 분위기. 현지 사람들도 조금 더 마음에 여유가 있어 보이고 휴양지답게 친절하다. 시드니와 멜버른을 다니면서 자연은 정말 좋지만 그래도 남아서 살고 싶지는 않았다. 하지만 여기는 한번 살아보고 싶다는 생각도 든다. 왜 친구 가족이 머나먼 타국 중에서도 여기를 선택했는지 조금 알 것도 같다. 얼마 동안 골드코스트에 머물지 모르겠지만, 이제 여기 골드코스트 친구 집에서 지내면서 현지인처럼 살아보고자 한다. 아무리 친하다 해도 집을 쉽게 내어줄 수 없는 일인데 그렇게 해준 친구 가족에게 감사하고 또 감사하다.

일곱 살의 하루

11월 5 일 토 요일

오늘 수영장에서 준
혁이랑 같이 수영을
했다.

“준혁이랑 수영했다면서 그림에는 왜 윤정이밖에 없어?”

“둘 다 그리면 오래 걸리잖아. 빨리 그리고 준혁이랑 놀아야 한단 말이야.”

“
_윤정아, 너 아빠보다 준혁이가 더 좋아?
_아빠가 더 좋다고 할게요.
”

21

파라다이스 포인트

초대해 준 것이 감사해서 밥 한번 덜렁 사고 보틀 숍에서 간단히 산 것이 다인데 친구 가족도 고마웠나 보다. 파라다이스 포인트Paradise point에 맛있는 브런치 파는 곳이 있다 해서 따라나섰다.

우리나라에서 아이들은 엄마 아빠 몫으로 시킨 것을 나눠 먹기도 하고 인원수보다 적게 시켜 같이 먹기도 한다. 이것저것 서로 다르게 시키고 나눠 먹는 모습이 전혀 이상하지 않은데 호주는 그렇지 않다. 음식도 1인당 하나씩 주문하고 음료도 인원수대로 주문한다. 다들 그렇게 하니 눈치 보여 우리도 안 할 수 없다. 보통 음식 가격이 우리나라보다 비싼 편인데 음료까지 인원수대로 시키다 보니 한번 외식을 하려면 정말 큰마음을 먹어야 한다. 보통 아이들은 반의반도 못 먹고 남기는데 그걸 다른 가족이 쉐어 하는 경우도 절대 없다. 당연히 우리처럼 여러 가지 시켜놓고 나눠 먹는 모습도 찾아보기 힘들다.

멜버른에서는 선선한 남쪽 날씨 덕에 따뜻한 커피만 시켰었는데 골드코스트는 시원한 아이스 라테가 더 잘 어울린다. 호주에서 아이스 라테를 시키면 맨

나중에 얼음 몇 개만 넣어준다. 얼음을 일단 가득 채워놓고 거기에 커피와 우유를 넣는 우리나라와는 사뭇 다르다. 한국 아이스 라테가 더 시원하긴 하지만, 돈을 내고 얼음을 사 먹은 것인지 아니면 커피를 사 먹은 것인지 구분이 안 될 정도였다. 물론 커피양도 얼마 안 되는 것은 당연했다. 그런데 여기 호주 스타일은 시원한 맛이 좀 덜하긴 하지만 얼음의 양이 적어 먹는 동안 커피가 싱거워지지 않는다. 커피를 다 먹을 때쯤 얼음도 거의 남지 않을 정도만 넣어준다. 한국보다는 커피값이 저렴한데 양은 더 많은 셈이다.

아이들은 파라다이스 포인트 앞 해변으로 모래 놀이를 보내고 우리는 낚싯대를 드리웠다. 선무당이 사람 잡는다더니 넣자마자 한 마리를 잡았다. 골드코스트가 있는 퀸즐랜드Queensland는 시드니가 있던 뉴사우스웨일즈와 달리 낚시 면허는 없어도 된다. 대신 25cm 미만 크기의 물고기를 가져가면 벌금을 물게 되니 놓아주어야 한다물고기 종류에 따라 기준은 조금씩 다르다. 처음 잡았던 물고기는 20cm 정도밖에 안 되어 바로 놓아주었다.

"아빠, 물고기 잡았어?"

멀리서 윤정이가 모래 놀이를 하다 말고 소리쳤다.

"아니, 그런데 이렇게 소리치면 안 돼!"

조용히 하라는 내 목청이 제법 컸나 보다. 주변에 있던 호주인들의 눈총이 따끔했다.

그런데 한 마리 잡고부터는 통 소식이 없다. 물고기를 잡아 회로 먹겠다는 원대한 꿈은 점점 작열하는 태양 앞에서 얼굴과 함께 타버리는 듯했다. 소식 없는 낚싯대는 아무렇게나 놓아두고 주변을 둘러보고 있는데 수정이와 아내가 잠시 놀러 왔다. 수정이를 의자에 앉혀 놓고 아내도 처음으로 낚싯대를 잡았다. 어복 충만한 부부였나 보다. 낚싯대를 잡고 당기자마자 또 한 마리 걸려 올라왔다. 이번에도 아쉽게 25cm 미만이라 주변 아이들이 잠시 구경하고 놓아주었다. 더는 입질이 없어 낚싯대를 접었다. 아빠들만의 취미라 너무 오래 했다가는 다음이 없을 수도 있다. 적당히 즐기고 가족과 시간을 보내야 한다.

골드코스트의 모래는 부드러우면서도 투박한 맛이 있다. 섬들로 둘러싸인 바다는 잔잔해서 아이들이 놀기도 아주 좋았다. 해변에는 아이들의 안전을 위해 가드도 해 놓았다. 물놀이하다가 지겨워지면 모래 놀이하고 또 모래 놀이도 지겨워지면 바로 앞 놀이터로 직행하는 아이들.

육아휴직하고 여행을 시작하기 전엔 미끄럼틀을 혼자 못 타던 수정이가 이제는 혼자서도 잘 탄다. 아이들은 지나고 보면 참 빨리 크는 것 같다. 키울 때는 어서 커서 말도 잘하고 밥도 혼자 먹었으면 싶지만, 또 이런 시절이 금방 지나버리고 나면 그립고 아련할 걸 알기에 부쩍부쩍 크는 것이 아쉽기도 하다. 벌써 누워 뒤집기 하던 수정이의 모습이 잘 기억나지 않는다. 가끔 스마트폰에 저장된 동영상으로 기억을 복습해야 잊히는 것이 그나마 더뎌지는 것 같다. 둘째를 키우면서 첫아이의 어린 시절이 더 아련해지고 저런 시절이 있었나 싶다. 윤정이 때는 많은 시간을 함께하지 못했지만 수정이라도 커가는 모습을 직접 볼 수 있다는 것에 감사한다. 어릴 때 평생할 효도 다 한다고 하더니 아이들의 효도를 오롯이 다 받을 수 있어서 행복하다.

베스트 프렌드 두 명은 이제 엄마 아빠를 거의 찾지 않는다. 둘이 무척 잘 지내서 바라만 봐도 행복해 여기 오래오래 머물고 싶어진다. 준혁이는 아침에 일어나면 우리 방을 열어본다. 혹시 윤정이가 없을까 봐 걱정되나 보다. 든 자리는 티가 안 나도 난 자리는 티가 난다는데 나중에 우리가 떠날 때 아쉬워할 준혁이를 상상하니 벌써 걱정이다.

일곱 살의 하루

11월 6일 일요일

오늘 놀이터에서
나무에 올라갔다.
나는 느낌이었다.

"윤정아, 너 나무에 올라가 있을 때 아빠가 아무리 불러도 들은 척도 안 하더라. 준혁이랑 같이 있으니 좋아? 아빠보다 준혁이가 더 좋아?"

"아빠가 더 좋다고 할게요."

"아빠, 스마트폰만 보지 말고 저 얼마나 잘하나 봐주세요."

22

골드코스트 아쿠아틱 센터

"아빠, 나도 준혁이처럼 수영 배울래."

한 며칠 준혁이랑 집 앞 수영장에서 놀더니 몇 개월 수영을 배운 준혁이 실력에 자꾸 뒤처지니깐 욕심이 생겼나 보다.

"윤정아, 수영을 배울 수는 있는데 선생님이 호주 사람이야. 영어로 할 텐데 상관없겠어?"

"응, 나 할 수 있을 것 같아."

"그래? 그럼 우리도 준혁이가 수영 배우는 곳에 가보지 뭐."

바다 스포츠의 천국인 호주에서는 수영 못하는 사람이 없을 정도로 다들 수영을 배운다. 그래서 수영을 배울 수 있는 수영장과 커리큘럼도 많고 시설 또한 훌륭하다. 집에서 차로 불과 10분 거리에 있는 골드코스트 아쿠아틱 센터에 준혁이가 다니고 있다 해서 우리도 레벨 테스트를 받으러 갔다.

골드코스트 아쿠아틱 센터는 지금까지 본 그 어떤 수영장보다 컸다. 50m 풀 레인이 열 개가 넘었고 높이 별로 다이빙 존이 따로 있을 정도였다. 국제 대회도 자주 치러진다고 하던데 실제 여기 강습 선생님의 일부는 메달리스트도 있다고 하니 단기간이지만 이곳에서 윤정이가 수영을 배울 수 있다면 정말 좋을 것 같았다.

원어민 선생님도 처음이고 수영도 처음이라 내가 윤정이라면 안 했을 텐데, 아이는 한사코 배워 준혁이처럼 튜브 없이 수영하고 싶단다. 장기간 머물지 않는 여행자의 입장이라 조금 하다가 마는 것도 영 내키지 않았지만 뭐 어쩌겠는가. 본인이 하겠다는 걸.

윤정이가 레벨 테스트를 시작했다. 영어를 못하는데 어떻게 선생님의 설명을 알아듣고 테스트를 받을지 걱정이 많이 되었다. 사진 찍을 정신도 없이 선생님

말씀에 귀를 기울이고 있는데 뜻밖에 윤정이가 시키는 것을 잘 따라 했다. 테스트가 끝나고 윤정이 한테 선생님이 말씀하시는 것을 어떻게 알아들었는지 물어보았다.

“응, ‘킥’이라고 하길래 발차기를 했어. 그리고 ‘버블’이라고 하는 것 같아서 ‘음~~ 파~~’ 이렇게 했는걸?”

많은 문장을 다 알아들을 수 없었겠지만 몇몇 단어를 듣고 감으로 했나 보다. 우리가 생각한 것보다 아이들의 적응력은 대단하다.

수영을 전혀 배운 적이 없는 윤정이 테스트 결과는 당연히 1단계. 테스트해 준 선생님이 미안하다면서 1단계부터 해야 할 거란다. 당연한 건데 미안하다

니. 원래 1주일에 한 번이나 두 번 정도 수업을 하려다가 결국 욕심이 나서 1주일에 세 번 받는 것으로 신청했다. 1주일에 세 번이면 40불 정도 한다. 한 달이면 한화로 11만 원 정도 하는 건데 국내에서도 일주일에 세 번 하는 수영 수업은 이것보다 비싸다. 게다가 원어민 선생님이라니. 급작스럽게 결정한 수영 수업 때문에 주변 여행에 약간 지장이 있겠지만 뭐 이것도 여행 중 하나이니깐.

테스트를 받는 것까지는 좋았는데 수업료를 내는 과정에서 '맨붕'이 왔다. 처음에 주 2회를 하기로 했다가 세 번으로 늘리고 시간을 맞추는 과정에서 우리가 미리 알고 간 금액하고 설명 들은 금액이 달랐다실제로 호주 사람들은 숫자에 약해 점원이 계산을 틀리게 할 때가 많다. 대충 그런가 보다 하고 나왔으면 모르겠는데 왜 이 돈을 내야 하는지 알고 싶었다. 그래서 다시 가서 우리가 낸 금액이 몇 번 수업하는 것인지, 테스트비는 얼마인지 등을 물어보았다. 처음에는 대충이라도 설명을 하려고 하더니 우리가 영어를 잘 못 알아듣는 것 같으니깐 그냥 고개를 돌려버린다. 더는 설명할 수 없다면서.

상대방한테 화가 나기도 하고 반대로 나 자신에게도 화가 나기도 했다. 분해서 한참을 그 자리에서 서 있었다. 어떤 일이든 마무리를 하지 못하면 자리를 뜨지 못하는 성격 때문에 어떻게든 다시 확인하고 싶었지만 안되는 영어로 더 이상 이야기하다가는 정말 싸움이 될 것 같아 화를 참고 자리를 떴다.

돌아오는 차 속에서 여러 가지 생각이 들었다. 관광지나 상점에서는 영어를 잘하지 못해도 불편하지 않다. 돈을 벌려는 입장이기 때문에 쉬운 영어로 이해하기 쉽게 안내해서 지금 나의 부족한 영어 실력에도 큰 불편함이 없었다. 하지만 관광지가 아닌 호주 보통 사람의 생활 속으로 들어오니 지금까지와는 달랐다. 우리를 이해하려 하지도 않거니와 손 내밀어 주지도 않았다.

우리야 길어봐야 1~2개월이면 떠날 사람들이다. 안 보면 그만이고 피하면 그만이다. 하지만 친구 가족처럼 아직 영어에 능숙하지 않은 이방인들은 피하려야 피할 수도 없는 상황이다. 물론 부딪히고 닥치면 다들 이겨내겠지만 그 과정이 얼마나 힘들고 답답할지 상상을 하니 가슴 아프고 애잔했다.

“

2060년 어느 날.

_할아버지는 언제가 가장 행복했었나요?

_너희 엄마와 호주에 갔을 때, 그때가 내 인생 최고 황금기였단다.

”

23

사우스 뱅크, 퀸즐랜드 뮤지엄

퀸즐랜드에서 가장 큰 도시 브리즈번Brisbane은 골드코스트에서 차로 50분밖에 걸리지 않는다. 우리에게 50분 거리란 수정이의 낮잠 시간과 같아서 멀다고 느끼지 않는 거리다. 첫 낮잠 잘 시간에 출발하면 차에서 편하게 한번 자고, 놀다가 두 번째 낮잠 잘 시간에 돌아오면 힘들이지 않고 재울 수 있고 이동할 때 징징대지 않아 좋다. 아직 골드코스트 투어를 시작도 안 했지만 쇼핑하느라 보낸 며칠이 좀 아쉽기도 해서 드라이브 겸 브리즈번을 다녀오기로 했다.

퀸즐랜드 뮤지엄Queenland Museum 근처 지하 주차장에 차를 두고 강변으로 나왔다. 흐렸던 하늘이 어느새 말끔히 개었다. 뮤지엄으로 바로 갈까 하다가 화창하고 좋은 날씨가 아까워 바로 옆 사우스 뱅크 공원South Bank Parklands에서 점심을 먹고 가기로 했다. 공원으로 접어들자 열대 우림Rainforest이 먼저 우리를 반겼다. 구불구불 데크길이 마치 열대 숲속을 누비고 있는 듯한 착각이 들 정도였다. 공원의 초입에서부터 우리는 마음을 빼앗겨 더 멀리 가보지도 못하고

일단 점심을 먹기로 했다.

“아빠, 오늘 점심은 뭐야?”

“윤정이가 좋아하는 아빠표 샌드위치.”

“앗싸! 나 많이 먹어야지.”

“수정이가 남기면 그것도 나 줘.”

뭐 특별히 넣은 것도 없는데 윤정이는 이 샌드위치를 어른만큼 먹는다. 몸에 유난히 좋을 음식도 아니지만 어차피 밖에서 사 먹더라도 크게 다를 것도 없다. 차라리 우리가 싸서 다니는 게 마음이 편하다. 대신 먹성 좋은 둘째는 샌드위치를 거들떠보지도 않는다. 한 뱃속에서 나온 두 딸이 어쩜 이리 다른지.

맨날 쌀밥을 주식으로 먹던 우리가 몇 달째 점심으로 샌드위치나 핫도그 같은 것을 먹다 보니 소화가 영 안 되는 편이라 소화도 시킬 겸 공원을 조금 더 둘러보기로 했다. 사우스 뱅크 공원은 예상했던 것보다 그 규모가 훨씬 더 컸

다. 먼저 다녀온 사람들이 하루 놀기 빠듯할 거라 하더니 정말 놀이터와 물놀이장 규모가 대단했다. 특히 인공해변으로 꾸며진 물놀이장은 사용료를 따로 낸다 하더라도 아깝지 않을 정도로 넓고 고급스러웠다.

"아빠, 나 수영할래."

"오늘은 수영복을 안 챙겨 왔어. 담에 올 때는 가지고 올게."

윤정이는 말로 타일러 지는데 수정이는 막무가내로 발부터 담근다. 이러다가 뮤지엄 구경은 고사하고 집으로 바로 갈 판이다. 놀이터에 가자고 하며 수정이를 겨우 달랬다.

"호주에서는 영어로 이야기해야 하지?"

"그렇지. 그런데 왜?"

"힝, 난 영어 못하는데 친구도 못 사귀겠다."

호주로 오기 전에 윤정이가 한 말이다. 아이한테는 잘할 수 있을 거라 응원해 줬지만 나도 살짝 걱정은 되었다. 하지만 그건 기우에 불과했다. 아이들의 친화력은 상상을 초월하는 것 같다. 말이 통하고 안 통하고는 별로 중요하지 않다. 놀이터 입성 10분이 채 지나기도 전에 다른 친구들과 어울려 놀기 시작한다. 한 30분 정도 놀다가 뮤지엄으로 가려 했는데 아이들은 이미 뮤지엄을 가야 한다는 생각은 잊은 지 오래다. 하나 붙잡아 오면 하나 도망가고 하나 잡아 오면 또 하나 놀이터로 도망을 간다. 화도 내보고 달래 보아도 그때뿐이다. 아이들은 엄마 아빠 말을 한 귀로 듣고 다른 귀로 바로 흘려버리는 신기한 기능을 가지고 태어나는 것 같다.

공원에서 강변길을 따라 뮤지엄으로 향했다. 바람이 불어 노란 꽃잎이 눈송이처럼 내린다. 잎 모양과 꽃 모양은 한국에 많은 아까시아카시아나무와 같은데 색이 진한 노란색이다. 선선한 봄바람이 불 때마다 잎은 '사르륵'거리고 꽃은 소리 없이 내린다.

"아빠, 나 노란 양탄자 위에 있는 것 같지?"

아내와 나는 아이의 표현력에 놀라 서로를 쳐다보았다. 소복이 내려앉은 노란 꽃잎이 양탄자처럼 보였나 보다. 그 위에 서 있는 윤정이를 바라보다가 문득 지금이 내 인생의 최고 황금기를 보내고 있다는 생각이 들었다. 아이들에게 기대지 않고 우리 부부의 힘으로 살 수 있는 내 나이가 80 언저리라 하면 이제 딱 절반 살아온 것 같다. 육아를 위한 휴직이었지만 아이들과 함께 울고 웃는 지금 이 시간은 인생의 절반을 쉬지 않고 달려온 나에게 주는 최고의 선물 같다.

아이들 씻기고 먹이고 놀아주고 재우는 일상은 매일 반복되지만 하루가 다르게 커가는 아이들은 어제 다르고 오늘 다르다. 먹고자 하는 의지가 강한 수정이는 어느새 '밥', '우유'를 외치며 자기 의사 표현을 한다. 가나다라 정도의 간단한 단어와 이름만 쓸 줄 알던 윤정도 몇 달 사이 글이 많이 늘었고, 매운 건 입도 못 되더니 이제 깍두기도 먹고 고추장도 살짝 시도해 본다. 엄마 아니면 잠을 못 이루던 아이들도 이제 아빠하고도 잘 잔다. 짧은 시간 동안 어쩌면 모르고 지나쳤을 법한 아이들의 일상을 고스란히 선물로 받았다.

황금기. 그래 내 인생의 황금기를 이렇게 보내고 있구나. 더 열렬히 즐기고 기억해야 할 일이다.

노란 꽃잎 양탄자를 뒤로하고 퀸즐랜드 뮤지엄에 들어갔다. 퀸즐랜드의 과거에서 현재에 이르기까지를 전시해 놓은 자연사 박물관이다. 보통의 호주 박물관에 한번 가려면 입장료가 어른 둘에 아이 한 명둘째는 무료해서 50달러 정도 쉽게 나가는데 고맙게도 여기 퀸즐랜드 뮤지엄은 특별 전시관을 제외하고는 무료라서 좋다. 대인배 같은 브리즈번.

입장료가 없다고 해서 전시물이 부실할 거라 여기면 오산이다. 아이들이 좋아하는 공룡에서부터 호주에서만 볼 수 있는 동식물까지 입체감 있게 전시가 되어 있었다. 영어로 설명되어 있어 혹여나 아이들에게 설명할 게 없을 것이 걱정되어 호주에서만 볼 수 있는 동물들에 대해서 미리 공부하고 왔다. 윤정이한테서 '아빠 최고!'라는 말 한번 듣기 위해서. 그런데 체험의 여왕인 윤정이는 아빠의 어설픈 설명 따윈 관심도 없고 전시실에 준비된 아이들 체험 놀이에 집중이다. 쩝. 설명해도 뭔 말인지도 모를 수정이만 내 뒤를 졸졸 따라다닌다.

2시간 정도 관람을 하고 아래층에 있는 사이언스 센터로 갔다. 사이언스 센터는 입장료가 따로 있어 어떤 곳인지 둘러만 보고 가려 했다. 온 가족 입장료

가 40달러 정도 하는 것 같아 발길을 돌리려는데 직원이 오늘은 무료라면서 그냥 들어가란다. 언어 담당 엄마는 뒤에 있어 잘 못 들었고 난 영어가 짧아 왜 공짜인지로 모르고 들어왔다.

"아빠, 여기 들어가는 거야? 아까는 비싸서 안 들어간다며?"

"쉿! 조용히 해. 뭔지 모르겠지만 오늘은 공짜래."

"정말? free……"

순간 아이의 입을 손으로 막았다. 혹시나 직원이 실수했을까 봐. 40달러 다시 내라고 할까 봐. 아빠 영어 못하는 거 들킬까 봐…….

두 딸은 말할 것도 없고 어른도 신나게 놀았다. 여러 가지 과학 원리를 알기 쉽게 놀이로 풀어 놓았다. 유료로 들어왔으면 조금 아쉽기도 했을 수준이긴 한데 우리는 공짜라 더욱 재미있었는지도 모르겠다. 생각해 보니 오늘은 주차비 빼고는 모두 공짜인 곳에서 하루를 보냈다.

음…… 브리즈번 마음에 드는군.

일곱 살의 하루

11월 10 일 목 요일

오늘 박물관에서 공
룡 뼈를 봤다. 뼈
가 신기했다.

"아빠, 그런데 거기 박물관 아래층에 있는 곳 있잖아. 거기 왜 공짜였어?"

아! 모른다니깐 진짜. 집요한 녀석.

"

한국으로 돌아가면 부메랑처럼 일상이 돌아올 텐데,
이 아이들이 눈에 밟혀 어찌 회사를 나가나!

"

24

스카이포인트

"골드코스트는 왜 이름이 골드코스트야?"

"그게…… 해변이 길고 금빛…… 아니다. 직접 가서 왜 그런지 보자."

골드코스트를 한눈에 담으려 Q1 빌딩에 있는 스카이포인트SkyPoint에 올랐다. 입장권을 사려고 하는데 성인 입장료가 하루에 25달러이고, 1년 동안 아무 때나 들어올 수 있는 '클럽360' 멤버십은 36달러란다. 하루와 1년 차이가 11달러인 것이 조금 이해가 안 가는 요금 체계이지만 골드코스트에 머무는 기간이 길어 연간 회원으로 가입했다. 덕분에 골드코스트에서 지내는 내내 Q1 빌딩 2시간 무료 주차를 얻었다. 골드코스트의 중심인 서퍼스 파라다이스Surfers Paradise와 해변이 가까워 이곳에 주차하고 주변 관광을 다니기에도 좋을 것 같았다.

총 높이가 332.5m인 Q1 빌딩은 퀸즐랜드에서 가장 높은 곳이다. 엘리베이터를 타고 순식간에 77층 전망대에 올랐다. 사진으로 보며 언젠가 꼭 한번 가서 내 카메라에 담아야지 했던 풍경이 눈앞에 펼쳐졌다.

"윤정아, 저기 끝없이 길게 이어진 해변을 봐봐. 왜 골드코스트라 하는지 알겠지?"

"응, 해변이 금빛이야. 그리고 정말 길다."

총 길이가 70km라고 하던데 얼마나 긴지 쉽게 감이 오지 않는다. 대충 계산해 보니 서울 끝에서 끝으로 볼 수 있는 김포에서 하남까지가 직선거리 35km쯤 된다. 그러니깐 골드코스트 해변의 길이가 서울의 두 배나 된다는 이야기다. 해변을 기준으로 오른쪽 도심의 모습과 왼쪽 바다의 상반된 모습이 마치 영화에서 보던 중세 시대 전쟁터 같다. 도심 성벽은 모래사장으로 방어선을 구축하고 몇몇 용감한 서퍼를 최전선으로 보낸다. 일렬로 늘어섰던 바다는 성난 파도를 보내 방어선을 무너트리려 한다. 서퍼들은 이에 질세라 파도와 파도 사이를 신나게 헤집고 다녔다. 이런 비현실적인 풍경이 상상될 정도로 해변은 굴곡도

끝도 없었다.

"아빠, 우리도 저기 해변에 내려가 보자."

스카이포인트에서 나와 골드코스트 해변에 자리 잡았다. 미리 준비해온 샌드위치를 나눠 먹기가 바쁘게 아이들은 모래 놀이 삼매경에 빠졌다. 언니와 동생의 나이 차가 많아서 평소에도 어울리기 쉽지 않다. 더군다나 모래 놀이할 때면 둘째는 왕따가 된다. 수정이가 할 수 있는 일은 오로지 언니 옆에 앉아 언니가 만든 모래성을 야금야금 무너뜨리는 것밖에 없다. 동생의 훼방에도 굴하지 않고 오늘은 꽃장식을 한 해마 집을 만들었다. 꽃을 왜 꺾었냐고 혼냈더니 떨어진 것만 주웠다며 입을 삐죽거린다. 믿기지는 않지만 딸 바보 아빠는 오늘도 속아 넘어가 준다.

호주 사람늘만의 독특한 영어가 여럿 있는데, 예를 들면 'a' 발음을 주로 '아'로 한다. 'mate'가 '메이트'로 발음하지 않고 '마이트'로 발음한다. 'day'도 '데이'라고 하지 않고 '다이'라고 한다. 이거 말고도 줄여서 말하기도 좋아한다. '베지터블vegetable'은 '베지veggie'라 부르기도 하고, 호주 하면 빠질 수 없는 바비큐barbecue는 '바비barbie'라고 부른다. 호주 어디를 가도 바비큐 포인트가 있다. 공원은 당연하고 심지어 주택가 놀이터 근처만 가도 바비큐 포인트가 있다. 주말이면 집이나 공원 바비큐 포인트에 삼삼오오 모여서 바비큐 아니 바비 파티를 연다. 시드니와 멜버른과 달리 휴양 도시인 골드코스트에는 훨씬 더 많은 바비큐 포인트가 있는 것 같다.

골드코스트 입성 기념으로 며칠 전부터 예약해 놓고 기다리던 '바비큐 파티'를 준비했다. 그것도 친구 집 공용 풀장 옆에서 하는 '풀 사이드 바비'를 말이다. 저녁 먹기에는 조금 이른 시간이라 물놀이를 시작했다. 이곳 풀장에서 노는 것이 두 번째라 그런지 수정이가 약간 겁 없이 행동하더니 결국 물속에 두 번이나 빠졌다. 그냥 빠졌으면 일어날 수 있는 얕은 유아 풀 높이이지만 튜브를 타던 수정이가 앞으로 고꾸라 지며 물에 빠지니 자기 힘으로 일어나질 못했다. 유아 발달 검사에서 머리둘레가 97% 수준이라더니 머리가 무거워 슬픈 수정이. 넘어지면 항상 머리가 먼저 땅에 닿는다.

가족들이 물놀이를 즐기는 동안 바비큐를 올렸다. 여기 사람들은 플레이트에 바로 올려서 굽던데 우리는 은박 위에 올렸다. 양념이 타버린 플레이트를 아침마다 약품을 이용해서 닦는다고 하는데 얼마나 약품이 강한지 양념에 타버린 플레이트가 아침이면 반짝반짝해진다. 하긴 은박이나 약품으로 닦은 플레이트나 좋지 않은 건 매한가지.

"아빠, 오랜만에 삼겹살 먹으니까 정말 맛있다. 헤헤."

그래, 역시 한국인 입맛에는 삼겹살이 최고지. 아이들도 평소보다 밥을 두 배는 많이 먹은 듯하다. 골드코스트에서 마지막으로 케언스를 가려 했는데 그냥 여기서 나머지 호주 여행을 마무리할지도 모른다는 생각을 했다.

"고기 먹으니 캠핑 생각난다. 한국 돌아가면 다시 캠핑 갈 거지 아빠?"

한국 돌아가면 이라는 말에서 가슴이 철렁했다. 중반을 넘어 마지막을 향해 달리고 있는 호주 여행. 한국으로 가면 부메랑처럼 일상이 돌아올 텐데…… 이 시간이 그리워 어찌 사나. 이 아이들이 눈에 밟혀 어찌 회사를 나가나.

일곱 살의 하루

11월 12 일 토 요일

오늘 모래놀이를 할
때 물을 떴다. 정
말 차가운 물이었다.

"어이구, 아까 모래 놀이할 때는 동생 저리 가라고 하더니 그림에는 사이좋게 손잡고 노는 모습을 그렸네?"

"제가요? 언제요? 제가 수정이를 얼마나 사랑하는 데요."

“ 너! 소울 메이트가 뭔지 알아? ”

25

벌리 헤즈

"와 드디어 수영 배운다."

윤정이가 기다리던 첫 수영 수업을 받으러 골드코스트 아쿠아틱 센터에 왔다. 낯선 곳, 낯선 선생님과의 수업이라 긴장될 법도 한데 물을 좋아하는 윤정이는 신이 나서 연신 폴짝거린다. 한국 이름은 선생님이 부르기 어려울 것 같아 윤정에서 '윤'을 따 '유나Yuna'라고 지어주었다. 평소에 영어 이름을 지어주려고 고민을 많이 했었는데 마땅히 마음에 드는 이름이 없었다. 수정이는 '수정'을 영어로 한 '크리스털'이라고 하면 될 것 같은데 윤정이는 몇몇 이름을 불러줘도 마음에 들어 하는 것이 없었다. 수업 날짜가 다가와 급하게 유나라고 지어줬더니 마음에 든단다. 전 국민의 영웅인 피겨여왕 김연아 선수의 영어 이름과 같다고 했더니 더 마음에 들어 하는 눈치다.

수업이 시작되었다. 분명 선생님의 설명을 알아듣지 못할 텐데도 곧잘 따라한다. 지난 6월부터 계속 여름을 보내는 윤정이는 피부가 하얘질 틈이 없다. 외국인 아이들 사이에 있어서 그런지 오늘따라 더 튀게 보인다. 내 자식이라 그렇겠지만 다른 아이들보다도 더 예쁘고 더 잘하는 것도 같고.

아이들의 가장 좋은 교육법은 눈을 마주치는 것이라던데 말이 통하지 않는 동양 아이의 눈을 끝까지 맞춰주는 선생님에게 감사하고 또 감사한 마음이 든다. 그 관심 충만한 선생님의 눈을 보며 윤정이는 믿음을 가지고 자기 키보다 더 깊은 물 속을 자신 있게 헤쳐나간다.

육아휴직 후 얼마 지나지 않아 여행을 떠나기 위해 윤정이는 어린이집과 발레 학원을 그만뒀다. 아빠와 함께 하는 시간이 늘긴 했지만 뭔가를 배우는 모습을 보지 못했었다. 엄마의 입과 스마트폰 속 동영상으로만 접하던 딸의 일상을 이렇게 마주하고 있으니 잘하고 못하고를 떠나서 예쁘고 대견해서 저절로 아빠 미소가 지어지는 걸 참을 수가 없다.

한국에서 수영을 배울 때는 순서가 있었다. 자유형 중에서도 킥을 먼저 배우고 '음파'를 배우고 손을 휘젓기 시작한다. 자유형이 끝나야 평영에 들어가고, 배영을 배워야 나중에 접영에 들어간다. 그런데 여기는 달랐다. 분명 레벨 1의 기초 반인데 하루에 모든 영법을 다 한다. 자유형 손 돌리기를 한번 하고 뒤로 돌아 배영을 연습하더니 이제는 꼬물꼬물 접영을 연습한다. 뭐가 더 맞는지는

모르겠지만 최소한 아이들이 지루해하지 않고 흥미로워한다. 우리가 아이를 수영 선수로 만들려고 여기 온 것이 아니다. 물을 싫어하지 않고 자유롭게 물 위를 누볐으면 했다. 최소한 그 기대는 맞춰줄 것 같다.

"아빠, 나 수영도 배웠으니 바다에 가면 안 돼요?"

"윤정아! 수영 덜렁 한번 배우고 벌써 바다야?"

칭찬이 과했나 보다. 자기가 수영을 잘하는 줄 안다. 어차피 수영 끝나고 오후에 나가려 했으니 그래 바다로 가보자.

기왕지사 바다로 가는데 바디보드로 파도타기 정도는 해보고 싶었다. 가족들과 피크닉을 겸해서 목적지는 서핑의 메카로 통하는 벌리 헤즈Burleigh Heads로 정했다. 아이들을 위해 놀이터 근처에 짐을 풀었다. 어른들이 점심 도시락을 준비하는 동안 아이들은 이미 놀이터를 차지하고 주체할 수 없는 에너지를 분출하고 있다.

아이들 배부터 채워놓고선 한숨 돌렸다. 이제 슬슬 벌리 헤즈의 풍경이 눈에 들어오는 것 같다. 하얀 물거품을 일으키며 쉼 없이 밀려드는 파도 뒤로 골드코스트 시내가 어렴풋이 보인다. 바닷바람이 향기롭게 코끝을 간지럽힌다. 숨 한번 크게 쉬고 서퍼 흉내 한번 내보려고 바다로 들어갔다.

호주 아이들도 파도를 가지고 노는 듯 잘만 타는데 나에겐 생각만큼 쉽지 않다. 좀 앞으로 나아가야 파도를 탈 것 같은데 한 발 걸어나가면 파도에 두 걸음 밀려나니 계속 제자리걸음이다. 골드코스트의 파도를 너무 쉽게 생각했나 보다. 어찌어찌 파도를 한두 번 타긴 했는데 물을 너무 먹었는지 배가 불러 더는 탈 수가 없었다. 아이들도 골드코스트의 높은 파도는 아직 무리인가 보다. 처음에는 즐거워하더니 조금 놀고서는 나가자고 손을 이끈다. 역시 아이들에게는 모래 놀이가 최고인 것 같다.

아이들이 모래 놀이 삼매경에 빠져 엄마 아빠를 안 찾는 틈을 타서 카메라를 들고 해변으로 나왔다. 어른 서퍼들은 말할 것도 없고 아이들도 자기들 키

만 한 서프보드를 들고 바다 위를 누비고 다녔다.

우리나라 같으면 학원 뺑뺑이를 돌고 있을 법한 나이에 세상 진지하게 파도를 타고 있다. 공부에 얽매이지 않고 바다를 벗 삼아 맘껏 즐기는 아이들. 그런 모습이 하나도 어색하지 않고 자연스러운 환경이 부러웠다.

나와 아내는 윤정이와 수정이가 빨리 적성을 찾기를 항상 바란다. 공부에 소질이 있다면 모르겠지만 그렇지 않다면 공부보다 자기가 좋아하는 분야가 뭔지, 어떤 일을 하고 싶은지, 어떤 일을 할 때 행복한지를 빨리 찾았으면 한다. 시켜서 하는 거랑 좋아서 하는 거랑은 천지 차이다. 윤정이는 입버릇처럼 자기는 커서 요리사와 여행작가 그리고 비행기 승무원이 되겠다고 말한다. 그리고 최근에는 꽃을 키우고 파는 사람플로리스트를 말하는 듯도 되고 싶단다. 그게 뭐든 어떤 일이든 우리는 상관없다. 다만 정말 좋아하는 일, 행복해지는 분야를 찾아 즐기며 살기를 바랄 뿐이다.

일곱 살의 하루

11월 13 일 일 요일

오늘 전준혁이랑 같이 소라를 잡았다.
정말 큰 소라였다.

'소울 메이트'는 영혼까지 잘 어울리는 친구라는 뜻이래. 난 네가 내 소울 메이트 같아.

"

아이는 아빠의 생각보다 훨씬 더 커 있었다.
이 순간을 놓치지 않아서 다행이다.

"

26

스프링브룩 마운틴

주말을 같이 보낸 친구가 물어본다. 월요일에는 어디 갈 거냐고. 뭐 아침에 일어나 보고 찾아봐야지 하고 생각 없이 말했더니 친구가 걱정되었나 보다. 우리는 그냥 아무것도 하지 않아도 즐겁고 새로운 나날들인데 친구는 뭔가 알려주고 보여줘야 할 것 같은 압박을 느끼나 보다. 이것저것 들려주는데 '스프링브룩Springbrook'이라는 산 이야기에 귀가 솔깃해졌다. 그래? 그럼 월요일 투어는 스프링브룩으로 낙점.

한국에서 가지고 온 여행 서적에는 정보가 없는 곳이라 구글맵에 '스프링브룩'만 찍고 길을 나섰다. 골드코스트에서 99번 국도를 따라 50분가량을 달렸다. 좁은 차도는 스프링브룩 마운틴 구석구석을 거침없이 누비고 있었다. 자칫 잘못하면 산 아래로 굴러떨어지는 곳이라 핸들을 잡은 손에 나도 모르게 힘이 들어갔다. 한참을 달려 오니 무인 비지터 센터가 나왔다. 간략한 지도 한 장 챙겨 윤정이한테 내밀었다.

"윤정아, 오늘 어디 가면 좋을지 네가 골라봐."

"아, 뭐야! 난 영어 못 읽는데 사진도 없는 지도를 보고 어떻게 골라."

"아빠 엄마도 모르는 건 마찬가지야. 아빠가 고른 곳이 별로이면 윤정이가 툴툴거리잖아. 크크, 농담이고 어차피 정보가 없는 곳이니 윤정이가 여행지를 한번 짜볼래?"

좀 고민하는가 싶더니 '펄링브룩 폭포 전망대Purlingbrook Falls Lookout'을 골랐다. 어차피 우리도 모르는 곳이라 윤정에게 여행을 주도하게 맡겨 보았다.

"아빠, 지도를 보니깐 녹색과 주황색 코스는 먼 것 같아. 수정이가 어리니깐 가장 짧아 보이는 보라색 코스로 가자."

"오호, 동생을 고려해서 코스를 정하다니. 제법인데?"

윤정이는 또래와 놀 때도 자기가 주도하길 원한다. 놀이를 정하고 룰도 정하고 분위기를 이끌고 싶어 하는 '리더형 아이'다. 하지만 어린이집에서 키가 가장 큰 친구와 머리 하나 차이가 날 만큼 작은 편인 윤정이는 대부분의 아이가 가장 큰 친구의 말을 따르는 것 때문에 의기소침할 때가 많았다. 마음의 키와 보

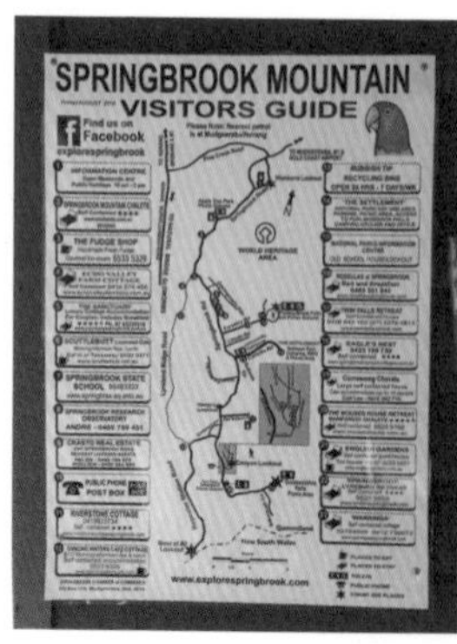

이는 키가 다른 우리집 큰 딸. 가족과 함께하는데 좀 돌아가면 어떻고, 덜 멋지면 어떠하리. 윤정이가 만든 여행이고 딸아이가 만든 일상이다. 한 치의 망설임 없이 지도를 보며 앞장서 걸어가는 뒷모습에서 훨씬 큰 키의 윤정이가 보였다.

브룩 폭포Brook Falls, 계곡 폭포라고 하길래 작은 폭포 일 줄 알았는데 절벽 높이가 상당했다. 지난번 블루마운틴 시닉 월드에서 보았던 폭포와 비슷한 높이 인 것 같은데 여기는 좀 더 가까이 볼 수 있어서 그런지 깊이 감이 더했다. 수량이 많은 것은 아니어서 떨어지는 계곡물은 얇고 넓게 퍼지며 기다란 도화지가 되었다. 해는 그 도화지에 옅은 무지갯빛을 그려 넣어 주었다. 비가 안 오면 수량이 부족해서 폭포를 못 볼 수도 있다던데 우리 다행히 멋진 폭포를 볼 수 있었다.

"수정아, 저게 폭포야. 멋지지? 언니가 골랐어. 무지개도 보여?"

"어, 포보가 시~ 해요. 미모메&&**&**&&……"

두 살짜리 수정이의 영혼 없는 딴소리에도 윤정이는 신이 났다.

“아빠, 폭포 뒤편에도 사람들이 있는 것 같아. 저기도 가보자.”

“그래, 고고!”

폭포의 반대편으로 넘어왔다. 아니 방금 봤던 폭포가 맞는지 의심이 될 정도로 폭포는 쏟아지는 것이 아니라 물을 흩뿌리고 있었다. 같은 자연의 모습도 이렇게 보는 각도와 시점에 따라 다르구나. 아래를 내려다보는데 한 무리의 사람이 폭포를 올려다보고 있었다. 아마 다른 트래킹 코스를 통해서 내려갔으리라. 우리도 아이들이 없었다면 내려가 볼 만했을 것 같다는 생각이 들면서도 지금의 긴 여행이 윤정이와 수정이가 있기에 이만큼 더 행복한 것이 아닐까 하라는 생각도 든다.

다음으로 윤정이가 고른 곳은 이름이 ‘베스트 오브 올 전망대Best of All Lookout’란다. 얼마나 좋으면 모든 전망대에서도 가장 좋을까. 주차하고 나가려는데 수정이가 잠이 들었다. 두 번째 낮잠을 잘 자야 밤에 더 잘 자기도 하고 이제 곧 집을 향해 먼 길을 돌아가야 해서 깨우면 안 될 것 같았다. 일단 아내와 수정이는 차에 두고 윤정이랑 길을 나섰다.

전망대로 향하는 길. 원시림의 산책로가 무척 좋아 내가 다녀온 후 아내에게도 혼자 다녀오라 해야겠다고 생각하던 찰나.

"아빠, 나랑 차로 돌아가면 아빠는 차에서 수정이 보고 있어. 내가 엄마랑 다시 여기로 와서 볼게."

"왜? 윤정이는 봤으니 엄마만 가라고 하면 되잖아."

"어이구~ 엄마는 길을 잘 못 찾잖아. 그러니깐 내가 같이 와줘야지."

원래 이렇게 어른스러웠었는지 아니면 오늘 여행에 대한 책임감이 생겨서 인지는 모르겠지만 오늘따라 유난히 윤정이가 훌쩍 큰 것 같다. 어째 10년 가까이 산 아빠보다 딸내미가 엄마를 더 잘 챙기는 것 같다.

오늘의 마지막 뷰포인트에 도착했다. 국립공원 전체가 한눈에 들어올 정도로 시원한 풍경이 가슴 속을 뻥 뚫어 주었다. 타국에서 다른 사람들에게 피해가 될 수 있어 소리치면 안 되는데 주변에 아무도 없는 전망대에서 나도 모르게 소리를 질러버렸다.

"사랑한다! 우리 가족~~"

“

저…… 저기요…… 혹시 여기 사세요?

”

27

바이런 베이

같은 나라 안에서도 시차가 발생할 정도로 거대한 대륙 호주. 그중에서도 바이런 베이Byron Bay는 호주 대륙 최고 동쪽에 있어서 가장 먼저 해가 뜨는 곳이다. 골드코스트는 퀸즐랜드 주 남쪽에 있고 바이런 베이는 뉴사우스웨일즈 북쪽에 있어 주가 다름에도 골드코스트에서 많이 찾는 곳이다.

일기예보만 믿고 왔는데 오전에 잠시 온다던 비가 그칠 생각을 안 한다. 일단 비가 그치기를 기다려 봐야 할 것 같아서 주차할 곳을 찾아보는데 마땅치 않다. 뉴사우스웨일즈 주에 다시 온 것이 확 느껴졌다. 시드니와 멜버른 여행을 하면서 항상 주차비에 민감했었다. 골드코스트는 무료 주차장도 많고 자리도 빈 곳이 많았는데, 비가 오는 평일 바이런 베이는 무료 주차는 고사하고 돈을 내고도 주차할 만한 곳이 없다. 한참을 돌아다니다가 아펙스 파크Apex Park에 겨우 자리를 잡았다.

간단하게 간식을 먹고 났더니 하늘이 잠시 열렸다. 바이런 베이 등대로 가려다가 일단 하늘이 열렸을 때 아이들 모래 놀이라도 먼저 시켜주려고 바이런 베이 끝쪽에 있는 작은 해변 와테고스 비치Wategos Beach로 왔다.

아이들은 모래 놀이 삼매경에 빠졌고 엄마는 물 떠다가 나르느라 바쁘다. 골드코스트 파도는 우락부락한 거친 남자 같았다면 이곳은 조용하면서도 길고 부드럽게 이어지는 것이 여자 같은 파도였다. 파도는 서퍼들만 타는 줄 알았는데 여기서는 SUP스탠드 업 패들보드와 카약도 파도를 탄다. 하긴 제트스키로도 파도를 타는 동네이니 뭐.

"수정아, 거길 주저앉으면 어떡해. 아빠! 수정이 물에 빠졌어."

이런, 엄마가 조개를 찾아보겠다며 파놓은 구덩이 크기가 딱 수정이 엉덩이 크기였다. 슬슬 눈치를 볼 때 미리 알아차렸어야 했는데. 모래에서만 놀리려고 옷도 여유분을 준비 안 했는데 큰일이다. 하긴 모래 놀이를 하면서 물을 묻히지 않을 것으로 생각한 엄마 아빠 잘못이 크다. 해변 야외 샤워 꼭지로 대충 모래를 씻어내고 언니 옷을 나눠 입었다. 덩치가 큰 수정이는 다섯 살 차이 언니의 옷도 쉽게 소화한다.

잠시 해가 비춰 주는 바람에 아이들은 춥지 않게 놀았다. 다시 하늘이 어두워져서 고민에 빠졌다. 쨍한 파란 하늘에 하얀 등대를 기대하고 왔건만 아쉽게도 오늘은 날이 아닌가 보다. 이만 접고 다음에 다시 올까 고민하다가 일단은 등대에 다녀오기로 했다. 주차비 8달러1시간이라고 되어 있지만, 시간 체크는 따로 하지 않으니 여유롭게 봐도 된다를 내고 등대가 있는 곳으로 향했다. 이제는 호주에서 흔히 보는 바다 풍경이라 특별할 것도 없지만, 거대한 대륙의 최고 동쪽에 왔다는 것은 조금 더 특별히 느껴졌다. 등대에서 300m를 더 걸어 들어가 'Most easterly point of the Australian mainland'라고 쓰인 표지와 마주했다. 나침판이 90도를 가리

키는 이곳이 바로 호주 최동단이다. 호주에서 가장 먼저 하루가 시작되는 곳.

"윤정아, 여기가 호주에서 제일 빨리 해가 뜨는 곳이래."

"왜 그런 거야?"

"그게 해는 동쪽에서 뜨잖아. 여기가 호주에서 가장 동쪽에 있어서 그런 거야."

"그럼, 가장 늦게 뜨는 곳은 어디야?"

"호주 서쪽이겠지? 보자…… 시차가 두 시간가량 나니깐 호주 서쪽은 해가

여기보다 2시간 정도 늦게 뜨겠는걸."

"우와! 땅이 아주 큰가 보다."

"대신 호주에서 가장 해가 늦게 지는 곳이기도 하겠다. 그렇지?"

"아빠, 그럼 우리 나중에 여기서 해 뜨는 것 보고 바로 비행기 타고 해가 늦게 지는 거기로 가보자."

"응? 왜?"

"그럼 아빠랑 온종일 길게 놀 수 있잖아. 헤헤."

일곱 살의 하루

11월 17 일 목 요일

오늘 바다에 가서
수정이랑 같이 모래
놀이를 했다. 옷이
젖었다.

아침에 호주 동쪽에서 일출을 보고 비행기를 타고 호주 서쪽으로 가자니. 말도 안 되는 상상이지만, 24시간도 모자라 26시간을 아빠와 함께하고 싶어 하는 아이의 마음에 온종일 기분 좋은 하루를 보냈다. 그건 그렇고.

"그러고 보니 일기에 아빠는 왜 안 그려? 너 아빠랑 노는 게 좋긴 한 거야?"

"
이제 곧 각자의 일상으로 돌아가게 된다.
지금 추억을 평생 간직하며
길어진 그림자만큼 둘 사이도 깊어지길…….
"

28

애쉬모어 스쿨, 아펙스 파크

"준혁이는 좋겠다. 학교도 가고. 나도 학교 가보고 싶다."

설마 이제 노는 것도 지겨워진 건가? 윤정이 입에서 학교 가고 싶다는 말이 다 나오고. 아침마다 분주하게 준비하고 학교에 가는 준혁이가 부러웠나 보다.

"그럼 준혁이한테 학교 갈 때 따라 가봐도 되는지 물어봐봐."

어느덧 친구 가족의 일상으로 들어온 지 3주가 넘었지만 막상 준혁이의 일상을 들여다보지 못했다. 등굣길에 함께 가도 좋다는 준혁이를 따라나섰다. 호주 나이로 이제 여섯 살이 된 준혁이는 프리머리 스쿨Primary School, 정식 학교에 가기 전 '프렙Prep'에 다니고 있다. 프렙은 일종의 유치원이라 보면 되는데 학교 가기 전 유사한 환경에서 공부하는 것으로 의무 교육은 아니다. 해당 프렙을 다니다가 같은 학교를 진학할 수도 있고 다른 학교로 갈 수도 있다고 한다.

학교에 도착한 아이들은 각자의 반으로 가서 교실 밖에 책가방과 물 그리고 간식을 놓고 교실 안으로 들어간다. 먼 타국에서 보는 학교의 모습이 낯설다. 준혁이와의 일상을 함께 못하는 윤정이는 교실 문밖에서 못내 아쉬워했다.

9시가 되어 수업이 시작되었다. 온 지 얼마 되지 않았다는 중국인 아이 한 명이 아직 울음을 그치지 못하고 밖에서 엄마와 있다. 단호한 엄마의 얼굴을 보며 여지가 없음을 느낀 아이는 겨우 울음을 그치고 교실로 들어갔다. 준혁이도 분명 처음에는 쉽지 않았을 터. 적응하느라 힘들었을 준혁이와 그것을 지켜보며 속으로 마음고생 했을 친구 내외가 상상되어 애잔했다. 이제는 의젓해진 준혁이와 인사를 나누고 프렙과 프리머리 스쿨을 둘러보았다.

땅덩어리가 커서 그런지 학교 부지가 매우 넓고, 높은 건물이 없이 모두 단층으로 되어 있었다. 키가 큰 나무들이 우거져 학교 곳곳을 시원스레 가려주었다. 수업이 시작되어 조용해진 학교를 둘러보다가 카라반 같은 이동식 건물이 있어 뭔지 물어보았다. 치과로 사용되는 곳인데 아이들 치과 예약을 하면 여기로 출장을 와서 봐준다고 한다. 이유는 치과를 가면 병원으로 인식해서 아이들이 무서워하는데 친숙한 학교에서 진료하면 덜 무서워해서란다. 아이들에

대한 배려가 놀라웠다. 더 놀라운 건 치료비가 공짜란다. 우리도 낮아지는 출산율만 탓할 것이 아니라 아이를 편하고 부담 없이 키울 수 있는 환경 조성에 신경을 쓰면 좋겠다.

오후가 되어 준혁이가 학교를 마치고 돌아왔다. 공부하느라 고생한 준혁이와 노느라 고생한 윤정이를 위해 카약과 SUP 체험을 해주고자 커럼빈 크릭Currumbin Creek으로 향했다. 아펙스 파크에 주차하고 카약과 SUP 대여점으로 갔다. 1시간에 SUP는 15불, 2인용 카약은 20불을 주고 빌렸다. 처음 접해 본 SUP는 운동량도 많았다. 중심을 잡고 패들을 젓는 과정에서 전신 운동이 되었다. 또한 재미도 상당했다. 나도 직접 만든 카약을 가지고 있긴 하지만 한번 타려면 이동도 많이 해야 하고 계절의 영향으로 생각보다 탈 기회가 적다. 여기는 한겨울에도 수영을 할 정도로 수온이 높다. 거의 1년 내내 이런 수상 스포츠를

즐길 수 있다는 것이 정말 부러웠다. SUP에 몸이 좀 적응했다 싶어 윤정이를 앞에 태웠다.

"으~~ 아빠, 이거 너무 흔들려. 아빠 배는 안 그런데 이건 왜 이래?"

"윤정이도 아빠처럼 서서 중심 잡아봐. 생각보다 재미있어."

"으~~ 무서워 아빠, 난 그냥 준혁이랑 모래 놀이 할래."

윤정이가 재미있어하면 한국 돌아가서 그 핑계로 하나 사보려 했더니 안지기한테 허락받을 핑계를 못 만들었다.

카약과 SUP 탑승에 '따'가 된 수정이는 물놀이 삼매경이다. 윤정이는 겁이 없어서 깊은 물에도 풍덩 풍덩 해서 항상 주시해야 하는데 수정이는 겁이 많아 여간해서는 모험을 하지 않는다. 물놀이를 하고 몸이 추워진 아이들은 어느새 모래에 자리 잡고 또 모래 놀이를 시작했다. 거의 매일 하는 모래 놀이인데 지겹지도 않은가 보다. 그동안은 아내와 내가 아이들 '물 셔틀' 담당이었는데 오늘은 수정이가 '물 셔틀'에 당첨이 되었다. 어쩐 일인지 순순히 언니 말을 듣는가 했다. 역시나 몇 번 나르더니 마지막 물을 윤정이 한테 부어 버리더니 강으로 가서 드러누워 버린다. 수정이는 뭐든 마음대로 안 되면 드러눕는다. 난 우리나라 아이들만 그런 줄 알았는데 호주도 마찬가지였다. 아마도 떼쓰고 드러눕는 것은 만국 공통 아이들의 언어인 듯하다.

아이들과 함께하는 여행. 이렇게 한가로이 즐겁게 노는 아이들 모습만 지켜봐도 행복해진다. 이제 얼마 안 있으면 헤어져 각자의 일상으로 돌아갈 테지만 지금 만들어진 추억을 평생 간직했으면 한다. 길어진 그림자만큼 둘 사이도 더 깊어지길.

일곱 살의 하루

11월 21 일 월 요일

오늘 아빠랑 같이 카약을 탔다. 정말 깊은 바다였다. 그런데 배가 흔들렸다. 조금 무서웠다. 하지만 용감하게 앉아 있었다.

"아까 아빠랑 같이 탔던 SUP가 재미있었구나? 그렇지? 우리도 하나 살까?"

"어이구~ 이건 카약이거든. 엄마, 아빠가 자꾸 배 사고 싶나 봐."

"

딱 지금처럼만 행복해지자.
딱 요정도면 만족해하자.

29

모턴 아일랜드

호주에 이민 온 지 10개월 정도 된 친구는 아직 휴가를 받아 본 적이 없었다. 그런데 우리가 와 있는 동안 무릎 십자인대 수술 부위를 다시 다치는 바람에 본의 아니게 1주일의 휴가를 받게 되었다. 쉬라고 받은 휴가지만 어디 집에서만 쉴 필요가 있나. 우리는 골드코스트 어디를 가도 여행이지만 친구 가족에게는 집 주변일 뿐이다. 고민 끝에 정한 곳은 브리즈번에서 가까이 있는 모턴 아일랜드Moreton Island였다.

모턴 아일랜드로 가는 페리를 타러 선착장으로 왔다. 출발시각이 되자 브리즈번 강Brisbane river를 미끄러지듯 페리가 출발했다. 브리즈번 강은 한인들 사이에서 시쳇말로 '똥물'이라고 부른다. 실제 더러운 건 아니지만 색이 일반 강물보다 훨씬 탁하고 짙은 녹색을 띠고 있어서 그렇게 부르는 것 같다.

20분 정도를 지나자 강을 벗어나 모턴 베이Moreton Bay로 접어들었다. 짙은 녹색이었던 강물이 서서히 에메랄드빛을 띤다. 짭조름한 냄새가 바다에 접어들었음을 알려주는 듯했다. 좁은 강을 벗어난 배는 속력을 높여나갔다. 사람들도 하나둘씩 선실에서 나와 모턴 베이의 시원한 바다를 온몸으로 맞이했다.

"언니, 한국 사람이야?"

"난 구리에서 왔는데 언니는 집이 어디야?"

바닷바람을 즐기던 윤정이는 옆에 있던 언니가 한국 사람인 걸 느끼더니 바로 호구조사에 들어간다. 아니 호구조사랄 것도 없다. 자기가 어디에 살고 몇 살인지를 알려주는 것이니 자진 호구 조사를 해주는 것이겠지. 그러더니 언니랑 금방 친해져 갑판에서 놀기 시작한다. 누군가 먼저 손 내밀어 주기를 바라는 못난 아빠를 닮지 않아 윤정이는 다른 사람에게 서슴없이 다가간다. 우리는 캠핑과 여행을 많이 다녀서라고 믿고 있다.

1시간 정도를 달렸을까. 서서히 모턴 아일랜드가 눈에 들어왔다. 세계에서 세 번째로 큰 모래섬 모턴 아일랜드. 선착장에 내려 바라보는 모턴 아일랜드의 바다는 기대 이상이었다. 고운 모래와 적당한 수심은 사진에서만 보던 에메랄드빛 바다를 보여주었다. 투명한 해변은 깊은 바다로 가면서 짙은 푸른색으로 그러데이션을 만들며 여행자를 그곳으로 유혹하고 있었다. 바다의 유혹에 홀려 느릿느릿 걸었더니 리셉션에 도착했을 때는 이미 먼저 온 사람들로 줄이 길

게 늘어서 있었다. 차례를 기다렸다가 체크인을 했다. 원래 입실은 3시인데 방이 준비되면 바로 문자를 준다고 한다. 기다리는 동안 비치 카페에서 점심을 먹기로 했다. 조식만 포함되어 있어서 이것저것 요리할 것을 챙겨오긴 했지만 아직 방에 들어갈 수 없어서 점심을 간단히 사 먹었다. 이제 이곳에서 머무는 2박 3일 동안 운전할 일이 없으니 일단 시원한 맥주부터 한잔.

해변을 따라 야자수가 길게 드리워져 있었다. 골드코스트에서도 어렵지 않게 볼 수 있는 야자수 풍경이지만 그래도 휴양지에 들어온 느낌이 물씬 풍긴다. 짐을 풀어놓기 무섭게 아이들은 수영복으로 갈아입고 바다로 향했다. 아이들만큼이나 어른들도 들뜨긴 마찬가지. '그레이트 배리어 리프Great Barrier Reef' 끝자락에 속하는 섬이라 물에만 들어가면 열대 물고기가 막 헤엄칠 것 같았지만 현실은 그냥 모래밖에 없었다.

"아빠, 여기 물고기 많다며. 아무리 봐도 물고기는 하나도 없는데?"

"미안 미안. 아빠가 미리 공부를 못해서 그래. 내일은 확실하게 보여줄게. 저기 난파선이 있는데 거기 가면 물고기가 많다고 하더라."

"난파선이 뭐야?"

"배가 망가져서 바다에 가라앉은 거야."

"아! 그럼 배가 늙거나 아파서 죽은 거네?"

"응, 그렇지."

저녁을 먹고 돌고래에게 먹이를 주기 위해 선착장으로 향했다. 탕갈루마 리조트는 야생 돌고래 먹이 주기로 유명한 곳이다. 세계적으로도 유일하다고 하는데 진짜 야생의 돌고래들이 저녁이면 어김없이 먹이를 먹으러 모여든다. 야생 돌고래를 가까이서 본 아이들은 신났다.

"아빠, 저기 새끼 돌고래도 있다!"

"그렇네. 같이 다니는 큰돌고래가 엄마 돌고래인가 봐."

"아니야, 아빠 돌고래일 거야. 나도 아빠랑 이렇게 여행 다니잖아."

뿌듯하다. 단지 몇 개월이었지만 24시간을 같이 보낸 것이 아이에게 많은 영향을 미친 듯하다. 불과 몇 개월 전만 해도 "엄마, 아빠!" 이렇게 부르더니 요즘에는 "아빠, 엄마!" 이렇게 부른다. 엄마가 없으면 잠을 이루지 못하던 아이들이 아빠하고도 잠을 쉽게 잔다. 누군가에게는 별거 아닐지 모르는 변화이지만 나에게는 의미 있는 변화이다.

돌고래의 먹이가 되는 물고기를 아이들 손에 한 마리씩 들려주고 줄을 섰다.

무료로 돌고래도 보고 직접 먹이를 준다고 해서 기대를 많이 했는데 왜 무료인지 알 것 같았다. 한 명당 딱 한 번만 물고기를 줄 수 있는데 그 한 번의 순간에도 돌고래에 집중하지 못하고 기념촬영에 응해야 한다. 그리고는 섬을 떠나기 전에 사진을 사라는 것이다물론 안 사도 된다. 야생의 돌고래는 편하게 배를 불리고 리조트는 그걸로 지갑을 불린다.

분명 한국에서 보내던 일상과는 다른 시간을 보내고 있지만, 여기에서의 하루하루가 길어지면서 여행은 다시 일상이 되어 버린다. 일상이 되어버린 여행에서 벗어나 다시 다른 분위기에서 아침을 맞이했다. 어제 못 본 물고기를 보고자 모턴 아일랜드의 가장 핵심인 난파선으로 향했다. 투어 데스크에 상주하는 한국인 직원에게 난파선 투어를 물어보았다. 걸어가면 40분 정도 걸리니 카약을 타고 가든지 아니면 투어에 참가하라고 한다. 스노클링 장비를 이미 가지고 온 우리는 1인당 55달러의 비용이 비싸게 느껴졌다. 그냥 슬슬 걸어가 보지 뭐.

난파선은 리조트에서 북쪽으로 해변을 따라 걸으면 된다. 발이 푹푹 빠지는 해변이라면 아마 못 걸어갔을 테지만 곱고 단단한 해변이라서 힘들지 않았다. 아이들과 추억을 만들며 해변을 따라 걷는 사이 난파선에 도착했다.

그런데 난파선이 한두 대가 아니었다. 마치 배들의 무덤처럼 여러 대의 난파선이 길게 늘어서 있었다. 붉은색의 녹이 슨 배와 그 아래 에메랄드의 바다, 그리고 그 속으로 들어가면 열대어들이 무리 지어 다닐 것 같은 상상은 금방 깨졌다. 해변에서 난파선까지의 거리가 상당히 멀었다. 대형 요트 여러 대가 주변에 있는 것을 봐서 깊이도 상당할 것 같았다.

윤정이는 이런 아빠의 걱정은 아는지 모르는지 빨리 스노클링을 하자고 손을 잡아끈다. 이럴 줄 알았으면 오리발이라도 가져왔어야 하는 건데. 어쩔 수 없이 스노클만 쓰고 일단 물속으로 들어갔다. 예상이 맞았다. 생각보다 아주 깊었다. 손을 두어 번 저은 것뿐인데 벌써 발이 닿지 않는다. 슬슬 물고기가 보이기 시작하자 윤정이는 내 손을 뿌리치고 점점 깊은 곳으로 간다. 오리발도 없이 깊이 갔다가 나중에 나오는 것이 덜컥 겁이 났다. 더군다나 아내의 스노클을 썼더니 물이 슬슬 스며들어왔다. 한 손은 안경을 눌러 잡고 한 손은 윤정이를 잡으니 이건 당최 움직일 수가 없다. 집에 두고 온 오리발도 내 스노클도 너무 아쉬웠다. 눈앞에 물고기를 두고 윤정이 손을 끌며 밖으로 나왔다.

저 난파선까지 어찌 가나 하고 고민하고 있는데 저 멀리서 구세주가 온다. 다리가 아픈 친구 때문에 친구 가족은 안 올 줄 알았는데 카약을 빌려 오는 것이 아닌가. 어찌나 반갑던지. 반가운 척 한번 해주고 카약은 빌리고 아이들은 맡기고 우리 부부는 난파선으로 향했다.

나름대로 수영도 배웠고 깊은 곳에서 스노클링과 스킨스쿠버도 여러 번 해본 우리였다. 10m 이상 되는 물속에서도 자유자재로 겁 없이 돌아다니던 부부였는데, 난파선 주변은 달랐다. 근처로 갈수록 오싹한 기분이 온몸을 휘감았다. 높은 곳에 올라갔다거나 깜깜한 밤에 길을 잃었거나 했을 때 느끼던 무서움과는 달랐다. 한낮을 조금 지나 빛이 힘을 잃어가고 있는 오후, 난파선이 잠들어 있는 바다는 음침하고 을씨년스러웠다. 굳이 언급하고 싶지 않지만 자꾸 세월호가 생각나서 더는 있을 수가 없었다. 한창 꽃다운 나이에 저렇게 차디찬 물속에 아직 갇혀 있을 아이들을 생각하니 나도 모르게 몸서리가 쳐졌다.

리조트로 돌아가는 길. 참방참방 물장난을 치며 해변을 따라 걷던 수정이 뒷모습을 떠올리며 이렇게 건강하게 곁에 있어 줘서 고맙다는 인사를 했다.

이제 조금만 지나면 초등학교 입학을 앞둔 윤정이는 밤마다 한글과 수학 공부를 하고 있다. 초등입학 준비를 해야 하지 않겠냐는 엄마의 걱정을 세상 물정 모르는 아빠가 자기 이름 석 자 쓰면 되는 것 아니냐며 덮어 두라 했었다. 막상 학교 보낼 시간이 얼마 남지 않고 주변의 따가운 조언에 우리도 덩달아 마음이 급해졌다. 전부터 꾸준히 공부를 시켰던 것도 아닌데 갑자기 아이한테 이것저것 시키려니 하는 아이나 지켜보는 부모나 하루하루가 전쟁이었다. 학교에 가면 다 배우겠지 하고 손 놓고 있게 만든 아빠가 그것도 모르냐며 혼내고 다그친 것이 생각나 너무 미안해졌다. 여행을 시작하기 전에 비하면 많이 발전한 건데 우리의 기준이 아이가 아닌 우리에게 맞춰졌었나 보다.

'아빠가 미안해. 더도 말고 덜도 말고 지금처럼 밝게만 자라다오.'

일곱 살의 하루

11월 26일 토 요일

돌고래를 보았다.
아기 돌고래도 있었
다. 정말 귀여운
돌고래였다. 거기에
엄마 아빠 돌고래도
있었다.

"뭐야, 일기에도 엄마 아빠라고 쓰고 그림도 새끼 돌고래 옆에 있는 게 엄마 돌고래 같은데? 윤정아, 너 아까는 귓속말로 엄마보다 아빠가 더 좋다며!"

"아 몰라."

“
윤정아, 넌 자연 속에 있을 때 가장 예쁜 것 같아.
”

30

내추럴 브리지, 탬보린 마운틴

골드코스트는 점점 여름이 깊어가고 있다. 한국은 몇 년 만의 한파가 여러 날 동안 이어진다는 소식이 전해지는데 우리는 점점 까맣게 익어가고 있다. 옷을 벗어도 입은 것처럼 몸은 하얗고 팔다리는 짙은 갈색이다. 남반구의 여름 해는 점점 뜨거워져 마치 피부를 사포로 가는 듯한 따끔함이 느껴질 정도다.

"윤정아, 오늘은 뭐 하고 싶어?"

"음…… 물놀이만 빼고. 나무 그늘이 시원한 산도 좋고."

한국 돌아가도 물놀이장에 가자는 말은 한동안 안 할 만큼 놀았나 보다. 하긴 수영복이 두어 달 만에 색이 바래졌을 정도니.

윤정이 뜻에 따라 지난번 스프링브룩 마운틴에 갔을 때 보지 못했던 내추럴 브리지National Bridge를 보러 갔다. 주차장에 차를 대고 30분 정도 산책로를 걸으면 내추럴 브리지라 불리는 동굴이 나온다. 사실 그렇게 대단할 것 없는 동굴이 유명한 관광지가 된 건 다른 이유가 있다. 보통 '반딧불이 투어'라고 알려졌는데 반딧불이처럼 밤에 빛을 내는 글로우웜glowworms을 여기서 만날 수 있다.

“아빠, 다시 설명해 줘 봐. 폭포 소리 때문에 잘 안 들려. 글로우웜이 뭐라고?”

“윤정이 반딧불이 알지? 그것처럼 글로우웜도 몸에서 빛을 내서 벌레를 유혹한대.”

“우와! 빛으로 낚시하는 거네? 나도 글로우웜 보고 싶다.”

“지금은 낮이라 못 봐. 그리고 여기에 많은 관광객이 다녀가는 바람에 이제 거의 사라져서 밤에 와도 보기 쉽지 않기도 하고, 수정이가 어려서 밤에 오기도 힘들어.”

“힝~”

보여주지도 못할 거면 말을 안 해야 했는데 윤정이 표정이 흐려지더니 입이 삐쭉 나왔다. 말을 걸어도 대답도 없고 점심도 먹는 둥 마는 둥. 어쩌겠는가, 아빠가 실수했으니 만회를 해야지. 낮에도 글로우웜을 볼 수 있는 곳이 있는지 급하게 검색을 했다. 탬보린 마운틴Tamborine Mountain에 가면 유료이긴 하지만 낮에도 글로우웜을 볼 수 있는 곳이 있다고 한다. 옳거니.

“윤정아, 글로우웜 보고 싶어?”

“응, 반짝반짝하는 벌레가 어떻게 생겼는지, 어떻게 벌레를 잡는지 너무 궁금

해. 보고 싶어."

"그럼, 내일 가자."

"앗싸! 아빠 최고!"

다음 날 아침. 밤마다 준혁이랑 놀다 잠들다 보니 항상 아침이 늦는데 글로우웜 볼 생각에 윤정이가 가장 먼저 일어났다. 어지간히 보고 싶긴 하구나. 아침도 먹는 둥 마는 둥 아이 등쌀에 못 이겨 탬보린 마운틴으로 갔다. 비지터 센터에 가서 글로우웜 동굴에 관해서 물어봤다. 지도를 주면서 시더크리크Cedar Creek 와이너리로 가보란다.

비지터 센터에서 5분 정도 달려 와이너리에 도착했다. 입구에 글로우웜 동굴이라는 푯말이 크게 붙어있다. 다행히 내가 영어를 맞게 알아들었나 보다. 그런데 웬 와이너리에 동굴이람. 사람 헷갈리게.

신이 난 윤정이는 이미 안으로 뛰어 들어갔고 잠이 덜 깬 수정이를 데리고 안으로 들어갔다. 알고 보니 인공으로 만든 동굴에 글로우웜을 보호하며 관광상품으로도 운영하는 곳이었다. 뭐 어쨌든 아이와의 약속만 지킬 수 있으면 된다.

네 식구 30달러를 내고 투어를 신청했다. 동굴로 입장하기 전 나이 지긋하신

해설사의 글로우웜 설명이 이어졌다. 짧은 영어라 반의반도 못 알아들었지만, 아이한테 설명할 정도는 이해했다.

"윤정아, 안에 가면 불을 켤 수 없어서 아빠 손을 잘 잡고 다녀야 한데."

"왜 불을 못 켜?"

"글루우웜은 빛을 비추거나 사람이 만지면 죽는데."

"그리고 또 뭐래?"

"빛을 내는 이유는 어제 아빠가 설명했고, 천정에 끈끈한 물방울 같은 것을 길게 매달아 놓고 그 사이에서 빛을 내면 벌레들이 빛을 보고 모여들었다가 끈끈한 줄에 붙어서 잡히는 거래."

"그럼 반딧불이랑도 비슷한 거지만 거미랑도 비슷하다. 그렇지?"

"그렇네! 그리고 수컷이랑 암컷이랑 뭔가 다르다는데…… 아빠가 영어를 잘 못 해서 더는 못 알아들었어."

"응, 상관없어. 빨리 들어가서 봤으면 좋겠다."

어설픈 나의 설명을 마칠 때쯤 해설사를 따라 동굴로 들어갔다. 정말 빛이라고는 단 한 개도 없는 동굴에 마지막 사람까지 들어오고 나서 희미한 불빛마저 문이 닫히면서 사라졌다. 순간 머리 위에 수천수만 개의 빛들이 눈에 들어왔다. 하늘에 걸린 별빛 같다. 나직하게 터져 나오는 사람들의 탄성. 말로 표현할 수가 없는 광경이었다. 손만 뻗으면 만져질 듯한 거리에 별빛이 뿌려져 있는 것 같았다. 육아휴직 초반에 다녀왔던 일본 북해도의 하늘이 생각났다. 가로등 하나 없는 시골길을 달리다가 문득 하늘을 올려보니 별이 무수히 떠 있었다. 잠시 차를 세우고 본 하늘에는 희미하게 은하수가 보이는 듯했다. 흥분한 마음에 잠든 가족들을 깨우고 차의 시동과 모든 불을 껐었다. 그리고 바라본 하늘, 어둠과 정적과 함께 꿈에 그리던 은하수가 찾아왔다. 그 감동, 그 아름다움을 다시 느꼈다. 너무 비현실적인 모습에 LED로 그냥 장식한 것이 아닐까 하는 의심이 들 정도다. 해설사는 사람들의 그런 마음을 읽었는지 연한 붉은 랜턴을 꺼내 글로우웜 하나를 살짝 비춰주었다.

"아빠! 아빠! 정말 물방울이 매달려 있어. 저기 글로우웜도 보여."

동굴 안에서는 일체의 촬영이 금지되어 있어 사진으로 남기지 못하는 것이 너무도 아쉬웠다.

"아빠, 글로우웜은 벌레를 어떻게 먹을까? 녹여 먹을까? 물방울은 입으로 만들까? 아니면 거미처럼 꼬리로 만들까? 아 또 보고 싶다……."

윤정이는 보고 싶어 했던 글로우웜을 봐서 최고치로 흥분했다.

"그런데 아빠, 아까 그 빛들 말이야. 그거 은하수 같지 않았어?"

일곱 살의 하루

12 월 1 일 목 요일

오늘 동굴에 가서 벌레에 불을 비추었다. 너무 빛나서 별 같았다. 엄마가 아주 빛나는 게 암컷이고 살짝 빛나는 게 수컷이라고 했다.

"아빠, 잠이 안 와. 눈을 감아도 계속 그 별들이 보이는 것 같아."

“

시간은 추억으로 바뀌어 가슴에 담겼다.

”

31

사우스 스트라드브로크 아일랜드

이제 정말 마지막이다. 길 것 같았던 시간이 기억으로 바뀌었고 남은 시간이 얼마 없다. 이제 다음 주면 짐을 싸서 한국으로 보내고 우리도 한국으로 돌아가야 한다. 호주 여행을 끝으로 육아휴직도 끝난다. 뭔가 거창한 업적을 이룬 것도 아니고 어려운 일도 아니었다. 그냥 아이들과 같이 뒹굴고 논 것이 전부이지만 뭔가 끝나간다고 생각하니 대미를 거창하게 마감하고 싶어졌다.

골드코스트 근처에는 섬이 많다. 지난 모턴 아일랜드를 다녀오고 유사한 아일랜드 투어가 없는지 여러 곳을 수소문했으나 19개월짜리 아이랑 같이 갈 수 있는 투어가 없었다. 섬별로 숙소와 페리를 운영하는 곳을 찾다가 우연히 사우스 스트라드브로크 아일랜드South Stradbroke Island에 있는 코란 코브 리조트Couran Cove Island Resort가 숙소와 페리를 운영한다는 것을 알게 되었다. 홈페이지를 들어갔는데 첫 페이지에 있는 수상 가옥 사진이 마음을 확 빼앗아 가버렸다. '거실에서 낚싯대를 던질 수 있겠는걸?' 급히 지름신이 내려오심이 느껴졌다. 이런 우연히 있나. 이번 주말까지 프로모션이 있는데 2박을 결제하면 1박이 무료란다. 뭐 더 생각할 것도 없었다. 리조트에 메일을 보내 방과 페리를 예약했다.

출발 당일. 호프 아일랜드에 있는 코란 코브 리조트 페리 선착장에 왔다. 출발 시각이 좀 남았긴 했어도 사람이 한 명도 없다. 뭔가 불길하다. 출발지가 여기가 아닌가? 여행사를 통하지 않고 직접 준비한 자유 여행이라 이런 불안감이 들 때가 종종 있다. 아내가 여기가 맞는지 다시 확인하라고 한다. 주변을 돌아봐도 표지판이 있는 곳이 여기밖에 없다. 출발 시각이 다가오는데 아무도 오지 않는다. 가족 앞에서 나의 속은 점점 타들어 간다.

2시 30분, 출발할 시간이 거의 다 되어도 우리밖에 없다. 다시 홈페이지에 들어가서 페리 시간을 보는데 아차 싶다. 1시간 간격으로 계속 있는 줄 알았는데, 옆에 아주 조그맣게 표시가 되어 있다.

1:30 pm : Mainland to Island

2:30 pm : Island to Mainland

3:30 pm : Mainland to Island

그렇다. 내가 예약한 시간은 섬에서 여기로 나오는 배편이었다. 아이들은 아무것도 모른 채 놀러 간다고 들떠서 나만 바라보고 있는데 이런 어이없는 실수를 하다니. 다행히 3시 30분에 섬으로 들어가는 마지막 배가 남아있고 홈페이지상으로 자리도 있었다. 결국 아내가 리조트에 전화를 걸어 사정 얘기를 해서 해결했다. 매사 대충대충 일하는 아빠 덕분에 아이들은 1시간을 더 길에서 보냈다. 나의 방해(?)로 숙소 도착이 늦어 일찍 잠자리에 들었다.

회사 가야 하는 아침에는 눈이 그렇게 안 떠지더니 아침 짬 낚시를 가려고

하니 새벽부터 몸이 저절로 일어나진다. 숙소 앞이 바로 바다인데 브림 한 마리는 잡고 가야 하지 않겠는가. 만조가 되어 바닷물이 많이 들어와 테라스에서 낚싯대를 던졌다. 숙소에 앉아 낚시할 수 있다니…….

"아빠, 낚시해? 많이 잡아."

예민한 윤정이가 내가 옆에 없으니 잠시 일어났다. 그냥 재미 삼아 꺼낸 낚싯대인데 윤정이 한마디에 욕심이 스멀스멀 올라온다. 자고 있는 가족을 두고 부둣가로 나갔다. 윤정이의 응원 덕분인지 낚싯대를 넣자마자 30cm가 넘는 브림이 한 마리 올라왔다. 3박 4일을 위해 준비해 온 반찬이 좀 모자라서 걱정이었는데 덕분에 오늘 아침은 생선구이를 먹을 수 있겠다.

코란 코브 리조트가 생각보다 넓어 걸어서 구경 다니기에는 무리가 좀 있다. 일정에 따라 다르지만 하루 정도 자전거를 빌려 돌아보면 좋다. 아직 자전거를 못 타는 윤정이를 위해 2인용 자전거를 빌려 리조트 내 열대 우림 산책을 나섰다. 확실히 지난번 다녀왔던 모래섬 모턴 아일랜드와는 분위기가 매우 달랐다. 어지간한 대륙 내 국립공원의 열대 우림에 버금갈 만큼 나무들이 빽빽하게 자리 잡고 있었다. 억겁의 시간 동안 떨어진 잎들은 바닥의 흙이 보이지 않을 정도로 켜켜이 쌓여 있었다.

숲에서 나와 다리를 건너 메인 풀로 건너가려는데 물이 거의 빠진 바닥에 커다란 브림들이 지천이다. 욕심 같아서는 투망이라도 던지고 싶지만 투망도 없고 할 줄도 모른다. 낚싯대를 꺼내 미끼를 끼고 살포시 넣어봤지만 내가 그들이 보이듯이 그들도 내가 보이는 것 같다. 약을 올리듯 장난만 치는 것이 날 가지고 노는 듯했다.

"아빠, 저기 저거 게 아니야?"

"어! 머드 크랩이다."

"아빠, 나 저거 잡아줘."

낚시를 포기하고 가려는데 머드 크랩이 쓱 하고 얼굴을 보여주는 것이 아닌가. 입 앞에 미끼를 슬쩍 대 주니깐 맛나게 먹는다. 그런데 물고기가 아니어서 그런지 챔질을 아무리 해도 입에 걸리지 않는다. 분명 눈앞에서 미끼를 먹고 있는데 아무리 당겨도 쑥 빠져 버리니 약만 오른다. 이제 안 되면 포기하고 가려는 순간 마지막 챔질에 입이 걸렸다. 막상 물속에서 끌어올려보니 생각보다 훨씬 큰 머드 크랩이다. 오전에는 큰 브림이 한 마리 걸리더니 오후에는 크랩까지.

"엄마! 아빠가 게를 잡았어. 내가 먼저 게를 봤고……"

윤정이는 돌아오자마자 엄마한테 무용담을 늘어놓았다. 그러고는 게 잡는 것을 그림일기에 남기고 싶다면서 먼저 일기장을 꺼내 탁자에서 쓰기 시작했다.

일곱 살의 하루

12월 9일 금요일

오늘 아빠하고 다리에
낚시를 하러 갔다.
그런데 물고기는 잡히
지 않고 갑자기 큰
게가 나타나서 아빠가
잡자고 했다. 게가
아빠 낚싯대에 잡혔다.
정말 기분이 좋았다.

여행과 같이 시작한 그림일기는 탁월한 선택이었다. 한글도 많이 늘고 표현도 풍부해졌다. 무엇보다 아이의 시선으로 소중한 기억이 차곡차곡 쌓였다.

호주살이

TIP

“ 호주 장바구니 물가 ”

:: 육류

소고기는 역시 최고였다. 가격도 저렴하지만 드넓은 초원에 자유롭게 돌아다니며 풀을 먹고 자란 소의 고기라 건강에도 좋다. 마블링을 늘리기 위해 우리에 가두고 옥수수 사료를 먹이는 한우보다 오히려 건강에 좋을 것 같다. 돼지고기는 우리나라보다 오히려 비싼 듯했고, 닭고기는 비슷한 수준. 안심 스테이크에 호주산 와인 한잔, 그 어떤 음식에 비할 수 없었다.

:: 과일

호주는 땅이 넓다. 남쪽으로는 4계절이 뚜렷한 위도이고, 북쪽으로는 적도와 그리 멀지 않은 열대지역이다. 넓은 땅에 볕까지 좋아 과일이 저렴할 줄 알았는데 생각보다 싸지는 않다. 대신 우리나라에서는 비싼 열대 과일은 저렴한 편이다.

:: 생선

소, 돼지, 닭으로 한정된 고기와 달리 생선은 평소 우리가 즐기던 것과는 사뭇 다르다. 마트에서 생연어가 흔히 보이고 이름도 생소한 '바라문디' 같은 호주 토종 생선도 맛볼 수 있다. 양식업이 발달하지 못해서 인지 생선 가격은 제법 비싼 편이다.

:: 유제품, 쌀

유제품이 저렴하면서도 품질이 뛰어났다. 덕분에 우유와 치즈는 질리도록 먹었다. 여러 인종이 함께 사는 덕에 우리가 평소에 먹는 쌀과 동남아시아 쪽의 안남미 두 가지가 모두 있다. 개인적으로 포슬포슬한 안남미를 좋아하는데 실상은 아이들 때문에 맛도 못 봤다.

:: 한인 마트

호주 어디를 가나 한인 마트가 곳곳에 있다. 크기는 동네 구멍가게나 편의점 수준이지만 없는 것을 찾기 힘들 정도로 다양한 종류의 상품을 진열해 놓았다. 한국에서 이것저것 싸가는 수고를 하는 것 보다 호주에서 사는 것이 유리할 것 같다. 가격도 고개가 끄덕여지는 수준이었다.

//

다시 돌아온 일상

길 것만 같았던 호주에서의 하루하루가 쏜살같이 지나가 버렸다. 엊그제 출국을 위해 인천국제공항에 갔던 것 같은데 어느새 집으로 돌아와 있다. 지금도 나가면 따끔따끔한 햇빛과 마주할 것 같지만 실상은 영하 10도를 넘나드는 겨울이다. 마음은 호주의 여름을 품에 안고 있어서 그런지 몸에는 감기가 걸쭉하게 들었다. 40도의 온도 차이를 너무 쉽게 생각했나 보다.

그동안의 여행에서는 마지막이 마냥 아쉽기만 했는데 여행이 길었던 만큼 이번에는 집이 그립기도 했다. 집에 돌아와서 가장 먼저 맞아주는 선풍기는 우리가 떠날 때가 아직은 늦여름의 심술이 남아 있을 때였음을 기억하게 해준다. 10월에서 멈춰버린 달력처럼 우리의 시간도 10월에서 멈춰졌으면 좋겠다는 바보 같은 상상도 해본다.

부질없는 감상은 접어두고 이제는 현실에 적응해야 한다. 떠날 때 설치해 놓은 웹 카메라가 돌아오기 2주 전부터 작동을 안 하길래 네트워크 문제인가 했

는데 돌아와서 보니 집 전체 차단기가 내려가 있었다. 전기세는 좀 절약되었겠지만, 냉장고는 마치 폭탄을 맞은 듯 처참한 상태였다. 냉장실은 대충 비우고 갔지만 냉동실은 거의 가득 차 있었다. 억장이 무너졌지만 다시 시작하라는 것으로 생각하고 마음을 다잡았다. 언제 먹을지도 모르면서 남으면 무조건 냉동실로 보내고 아까워서 버리지도 못했었는데 차라리 잘 된 것 같다. 추억에 잠겨 허우적대지 말고 바쁘게 시간을 보낼 기회라 생각하고 정리를 해본다.

냉동실에는 도대체 몇 년 전에 넣었는지 알 수 없는 풋고추와 홍시가 구석구석에서 나왔다. 먹다 말고 넣어 놓은 김도 여러 뭉치. 자주 정리하던 냉상실에서도 날짜 지난 소스류가 한가득 나왔다. 호주에서 몇 개월을 살면서 가장 많이 느낀 점이 우리가 너무나 많은 것을 버리지 못하고 살았구나 하는 것이다. 긴 기간 동안 캐리어 세 개로 지내는 것이 전혀 불편함이 없었다. 냉장고가 꺼지지 않았다면 또 이고 지고 살았을 물건들이다.

커다란 바가지로 여러 번 나온 음식물 쓰레기를 어찌 처리할까 하다가 내년 텃밭 농사를 위해 구덩이를 파서 넣기로 했다. 텃밭으로 나서는데 첫눈이 내린다. 다른 사람들은 이미 첫눈을 봤겠지만 우리에게는 올해 처음 보는 눈이라 '첫눈'이라 했다.

크게 한숨을 쉬어 본다. 차가운 공기가 가슴속 깊숙이 파고들어 온다. 불과 며칠 전, 호주에서 여름을 살고 있었는데 이제 정말 일상으로 돌아왔음이 실감이 난다. 밀린 빨래를 하고 두꺼운 겨울옷을 꺼내면서도 머릿속에는 다시 어디로 떠나야 할지에 대한 생각만이 맴돈다.

"아빠, 왜 그래? 슬퍼?"

"우리가 언제 호주에 살았었나 싶어서."

"힘내 아빠, 우리 같이 있는데 뭐. 또 여행 가면 되지. 이번 주 캠핑 갈까?"

그렇지. 그래야 내 딸이지. 자 그럼 이번엔 어디로 떠나 볼까?

UCB

EPILOGUE

"일상을 여행처럼, 여행을 일상처럼"

윤정이는 호주 여행을 마치고 돌아오면 얼마 있지 않아 학교에 가야 할 나이였다. 아직 한글이 서툴러 다른 건 몰라도 한글 공부만은 손 놓고 있을 수가 없었다. 그래서 생각한 것이 그림일기였다. 안 하던 것을 갑자기 하자고 설득하려니 뭔가 동기가 필요할 듯했다.

"윤정아, 아빠는 여행작가가 되고 싶어. 그래서 이번 여행도 사진과 글을 정리해서 책으로 만들어 볼까 하는데 윤정이도 같이해 볼래?"

"그래? 근데 난 사진도 찍을 줄 모르고 한글도 아직 서투르잖아."

"음……. 그럼 아빠는 사진을 찍을 테니 윤정이는 그림을 그려봐. 그렇게 우리의 하루를 일기로 써보자."

진심 반에 설득 반을 섞어 던진 이야기에 아이의 눈빛이 비장해졌다. 그 길로 손잡고 문방구로 달려가 그림 일기장을 여러 권 샀다.

여행 첫날부터 아이는 하루도 빠짐없이 그림일기를 써 내려갔다. 한 며칠 하다가 말면 어쩌나 했었는데 한 달이 넘도록 하루도 빠짐없이 아빠와의 약속을 지켜나갔다. 어쩌다 감기 기운이 다녀가는 날도 있었고 밤늦게 돌아와서 바로 잠든 날도 많았다. 그때마다 아침에 눈을 뜨면 어김없이 밀린 일기를 쓰고 나서야 하루를 시작했다. 점점 늘어가는 그림 실력과 한글 실력에만 관심 있던 아빠는 아이의 진심을 몰랐다.

호주 여행을 마무리하고 일상으로 돌아온 어느 날.

"아빠, 우리 책 언제 나와?"

"응? 우리 책?"

"응, 우리 책. 우리가 같이 쓴 책 말이야. 아빠는 사진 찍고 난 그림 그리고. 그리고 일기도 같이 썼잖아."

"아…… 그렇지……. 우리 여행 일기……"

아이의 공부에 도움이 될까 싶어서 던진 말 한마디였지만, 아이는 아빠와의 중요한 약속으로 마음에 새겨 넣었다. 그러니 피곤하고 졸리면서도 그림일기만은 꼭 하고 자야 한다고 고집을 부렸던 것이었다.

손 놓고 있을 때가 아니었다. 한 달을 꼬막 글에 매달려 원고를 완성했다. 부들부들 떨리는 심정으로 원고를 출판사로 보냈다. 하루 이틀 일주일. 원래 원고 검토에 한 달 넘게 걸린다던데 기다리는 하루가 일 년 같았다. 내 개인의 욕심이었으면 차라리 좋았겠다. 하지만 아이와의 약속은 그 어떤 명령과도 비교가 되지 않았다.

출판사로부터 연락을 기다리는 초보 작가 아빠는 슬슬 조바심도 나고 걱정되기 시작했다. 이때 마음지기 출판사에서 선뜻 나의 손을 잡아주었다. 다행이다. 정말 다행이다. 고맙고 고마운 노릇이다. 나의 글보다 일곱 살 아이의 진심과 바람을 이해해 주고 아이의 눈높이를 높게 평가해 준 마음지기 식구들에게 감사하다.

나의 공동 저자가 되어준 윤정이에게, 사랑한다고 고맙다고 전하고 싶다.

일상을 여행처럼, 여행을 일상처럼.

여행작가 허준성

흥미롭다 호주
AUSTRALIA

초판 1쇄 발행 | 2017년 7월 12일

글 · 사진 | 허준성
그림일기 | 허윤정
발행처 | 마음지기
발행인 | 노인영
기획 · 편집 | 하조은
디자인 | 문영인

등록번호 | 제25100-2014-000054(2014년 8월 29일) **주소** | 서울시 구로구 공원로 3, 208호 **전화** | 02-6341-5112~3 **FAX** | 02-6341-5115 **이메일** | maum_jg@naver.com * 이 도서의 국립중앙도서관 출판예정도서목록(CIP)은 서지정보유통지원시스템 홈페이지(http://seoji.nl.go.kr)와 국가자료공동목록시스템(http://www.nl.go.kr/kolisnet)에서 이용하실 수 있습니다.(CIP제어번호:2017015278)

※ 책 값은 뒤표지에 있습니다.
※ 잘못 만들어진 책은 바꿔 드립니다.

ISBN 979-11-86590-24-9 03980

마음지기는 여러분의 소중한 꿈과 아이디어가 담긴 원고 및 기획을 기다립니다.

마음지기는

성공은 사람을 넓게 만듭니다. 그러나 실패는 사람을 깊게 만듭니다. 마음지기는 성공을 통해 그 지경을 넓혀 가고, 때때로 찾아오는 어려움을 통해서 영의 깊이를 더해 갈 것입니다. 무슨 일에든지 먼저 마음을 지킬 것입니다.
높은 산꼭대기에 있는 나무의 뿌리가 산 아래 있는 나무의 뿌리보다 깊습니다. 뿌리가 깊기에 견고히 설 수 있습니다. 마음지기는 주님께 깊이 뿌리내리고 그 어떤 상황에서도 주님을 찬양할 것입니다.
"하나님과 가까이 교제하고 교감하는 사람은 그렇지 못한 사람보다 더 행복하다"라고 마시 시머프는 말했습니다. 마음지기는 하나님과 교감하고 교제하기 위해서 하루 24시간을 주님과 동행할 것입니다.

"모든 지킬 만한 것 중에 더욱 네 마음을 지키라 생명의 근원이 이에서 남이니라" 잠언 4:23